U0250667

站在巨人的肩膀上
Standing on Shoulders of Giants

图灵教育

iTuring.cn

站在巨人的肩膀上

Standing on Shoulders of Giants

TURING

图灵教育

iTuring.cn

图灵交互设计丛书

设计的陷阱
用户体验设计案例透析

Tragic Design

[美] 乔纳森·沙利亚特　[加] 辛西娅·萨瓦德·索西耶 著

过燕雯 译

Beijing • Cambridge • Farnham • Köln • Sebastopol • Tokyo

O'Reilly Media, Inc.授权人民邮电出版社出版

人民邮电出版社
北　京

图书在版编目（CIP）数据

设计的陷阱：用户体验设计案例透析／（美）乔纳森·沙利亚特，（加）辛西娅·萨瓦德·索西耶著；过燕雯译. -- 北京：人民邮电出版社，2020.1
（图灵交互设计丛书）
ISBN 978-7-115-51631-2

Ⅰ. ①设… Ⅱ. ①乔… ②辛… ③过… Ⅲ. ①产品设计 Ⅳ. ①TB472

中国版本图书馆CIP数据核字(2019)第142970号

内 容 提 要

糟糕的设计无处不在，其成本比我们想象的要高得多。本书主要探讨由糟糕的设计所造成的几种类型的伤害：危及生命、激怒用户、让人伤心和排斥用户。本书首先研究了糟糕设计的真实案例及其所造成的不良后果，之后提供了一些方法来帮助设计师避免做出错误的设计决策，以免对用户造成无意识的伤害，此外还针对设计师能够做些什么给出了建议。

本书适合产品设计师阅读。

◆ 著　　　　 [美] 乔纳森·沙利亚特
　　　　　　 [加] 辛西娅·萨瓦德·索西耶
　 译　　　　 过燕雯
　 责任编辑　 岳新欣
　 责任印制　 周昇亮

◆ 人民邮电出版社出版发行　　北京市丰台区成寿寺路11号
　 邮编　100164　 电子邮件　315@ptpress.com.cn
　 网址　http://www.ptpress.com.cn
　 雅迪云印（天津）科技有限公司印刷

◆ 开本：880×1230　1/32
　 印张：5.75
　 字数：189千字　　　　　　　 2020年1月第1版
　 印数：1-3 500册　　　　　　 2020年1月天津第1次印刷
　 著作权合同登记号　图字：01-2019-3080号

定价：59.00元
读者服务热线：(010)51095183转600　印装质量热线：(010)81055316
反盗版热线：(010)81055315
广告经营许可证：京东工商广登字 20170147 号

版权声明

O'Reilly Media, Inc.介绍

O'Reilly 以"分享创新知识、改变世界"为己任。40 多年来我们一直向企业、个人提供成功所必需之技能及思想,激励他们创新并做得更好。

O'Reilly 业务的核心是独特的专家及创新者网络,众多专家及创新者通过我们分享知识。我们的在线学习(Online Learning)平台提供独家的直播培训、图书及视频,使客户更容易获取业务成功所需的专业知识。几十年来 O'Reilly 图书一直被视为学习开创未来之技术的权威资料。我们每年举办的诸多会议是活跃的技术聚会场所,来自各领域的专业人士在此建立联系,讨论最佳实践并发现可能影响技术行业未来的新趋势。

我们的客户渴望做出推动世界前进的创新之举,我们希望能助他们一臂之力。

业界评论

"O'Reilly Radar 博客有口皆碑。"
>   ——*Wired*

"O'Reilly 凭借一系列非凡想法(真希望当初我也想到了)建立了数百万美元的业务。"
>   ——*Business 2.0*

"O'Reilly Conference 是聚集关键思想领袖的绝对典范。"
>   ——*CRN*

"一本 O'Reilly 的书就代表一个有用、有前途、需要学习的主题。"
>   ——*Irish Times*

"Tim 是位特立独行的商人,他不光放眼于最长远、最广阔的领域,并且切实地按照 Yogi Berra 的建议去做了:'如果你在路上遇到岔路口,那就走小路。'回顾过去,Tim 似乎每一次都选择了小路,而且有几次都是一闪即逝的机会,尽管大路也不错。"
>   ——*Linux Journal*

目录

序

如果没有离开学术界，也许 Shariat 和 Savard Saucier 在这本书中写的大部分内容，我都无法完全理解。通常来说，优秀、纯粹的"思想领袖"是不会离开像麻省理工学院（MIT）和罗得岛设计学院（RISD）这样的好地方，转而进入工业界的。但与科技界的新型设计师交流之后，我才发现自己的思想并没有那么优秀。于是，我忙着给自己"充电"，并在职业生涯的末期有幸来到硅谷工作，获得了很多新的经验。我对此非常感激，因为如果自己继续生活在与世隔绝的象牙塔中，且对自己现在所做的事情一无所知，那么我将痛恨自己。在为风险投资机构工作和给技术公司做顾问的过程中，我对硅谷的未来了解到了什么呢？答案是，摩尔定律（即计算能力每 18 个月就翻一倍）仍影响着全球人民，但能对人类生活真正产生影响的科技进步并不在于速度、规模或者能量等技术层面。在如今的数字化体验时代，进步并不能用吉赫、太字节或者纳米像素来衡量；相反，科技的目的是使人类能够轻松理解和使用，并且满足情感需求。也就是说，需要有意地利用技术设计卓越的解决方案，从而给予人类力量和帮助。

去哪里找这些适合新发展趋势的设计师呢？我发现创业圈中有很多适合的人才。一些创业公司人才济济，因为它们的 CEO 和联合创始人抱着打破现状的设计热情经营公司，他们围绕着用户想要什么和需要什么制定商业目标，而不仅仅是考虑新技术能实现什么。以设计师 Brian Chesky 和 Joe Gebbia 为例，他俩将酒店业重构成了一个用户出租自家卧室的分布式网络 Airbnb。这样的例子还有非设计师出身的 John Donahoe，他是上市公司的

CEO，曾经领导 eBay 公司领导层采用设计思维；纽约服装创业公司 Negative Underwear 的联合创始人 Marissa Vosper 和 Lauren Schwab，她们使用高科技面料满足男性内衣既要合身又要美观的需求，而这是内衣设计师长久以来忽略的一点。如果你想了解这方面的更多信息，只需查看过去三年的"科技中的设计趋势报告"（Design in Tech Report），就能看到在科技行业里设计的影响力正与日俱增。

不过有得必有失，本书描述的很多惨痛事件在整个科技行业里都是显而易见的。Shariat 和 Savard Saucier 用他们的方式讲述了这些案例，看了之后的确让人沮丧。不幸的是，如今学校里教的设计方法大多以美学为驱动，而且缺少测试或其他数据收集环节，所以我们很可能将看到更多因使用各种各样的应用程序、屏幕或物联网设备而引发的悲剧。因此，本书出版得正是时候，它鼓励所有设计师打破他们一直以来对包豪斯设计的偏见，摒弃自己偏好的设计品位，踏上更为重要的防悲剧设计之路，这也是 Shariat 和 Savard Saucier 所提议的设计。我非常幸运，因为我在 Automattic 公司工作时已将很多相关的设计原则付诸实践了。

设计与"包容"有什么关系呢？我相信，你在阅读这本书的过程中一定会找到答案的。过去，只有"计算机怪才"才会用到数字技术，但现在有了智能手机，所有人都用到了数字技术。所以，现在我们要从包容的角度去思考设计，我们不仅是为高技能的计算机人才设计，更是为生活在这个星球上的所有人设计。这场革命才刚刚开始，不过令人兴奋的是，Shariat 和 Savard Saucier 的这本书为在数字时代实现真正的包容性设计打下了基础。

> John Maeda 是 Automattic 公司计算机包容性设计的全球负责人。他是风险投资公司凯鹏华盈的战略顾问，曾经在麻省理工学院媒体实验室领导研究团队，也是罗得岛设计学院的第 16 任院长。他的作品被纽约现代艺术博物馆永久珍藏。

前言

糟糕的设计决策会带来伤害，但往往做出这些决策的设计师都没有意识到自身职业所肩负的责任。

在医学院，学生学习的第一条基本原则是"不要伤害人"。这强调了医生握有"生杀大权"。与之相反，在设计学院，我们首先学习的是如何画好3D透视图。我们的老师痴迷于永恒、美丽的设计。我们追求完美的设计，关注美学品质。因此，我们紧跟潮流，使用吸引人的颜色。老师很少提醒我们肩膀上还有责任，我们的设计会对人们的生活产生实际影响。

幸运的话，我们会有个三小时的用户体验课程，老师称之为"人机交互课"。但在大学的四年中，我们未曾被要求过观察哪怕一位用户是如何使用我们设计的产品的。

毕业后，设计新手们会仔细地挑选他们认为最好的作品放进作品集中，然后把剩余糟糕的甚至有潜在危险的作品都放进一个"档案"文件里，并希望不会被人发现。如果你像我们一样，也会羞于拿出这些糟糕的设计方案，甚至会把这个文件夹重命名为一个完全不相关的名字，以确保没有人会看到，哪怕是无意中看到。幸运的是，这些糟糕的设计会被忘记和原谅。没有一位用户需要承受我们在学生时期做出的错误设计决策所造成的后果。

但我们的老师和导师都忽视了一些比课程得C更糟的事，因为他们过于关注美观，还允许学生将错误隐藏到"档案"文件中。在现实世界中，一个失败的项目会带来什么后果呢？当因经验不够而犯下小错时，我们能从错误中学到什么呢？我们应该了解到，作为设计师，我们有着很大的力量，能够影响用户使用我们产品的方式。用蜘蛛侠的话说就是"能力越强，责任越大"。

我们的老师不是唯一该受责备的人。你上一次思考自己的设计是否会导致他人死亡是什么时候？本书想要确保没有一位设计师会认同无视后果的设计。同时我们还想为你提供一些适用于真实情境的工具和技术，让你能够在复杂的情景下做出正确的决定。

人类是一种拥有丰富情感的复杂生物。"利用同理心进行设计"是一个时髦的概念。很多图书、文章甚至设计公司都关注了这个话题。但"利用同理心进行设计"究竟是什么意思呢？我们应该为怎样的情绪设计呢？作为设计师、开发人员、产品创造者，我们有选择地挑选一些情绪去为之设计，同时忽视一些情绪。我们可能会说自己采用了以用户为中心的设计方法，但在发布产品之前，我们通常根本没和一个用户聊过。我们创造的产品体验在**真实环境**中影响着**真实的人**。不幸的是，我们鲜少探讨与设计的力量相伴的责任。

我们应该向其他学科学习。比如，在加拿大和美国的某些地方，工程系毕业生在毕业典礼上会被授予一枚铁戒。但这枚戒指背后的故事是什么呢？

20 世纪初，魁北克大桥在建造期间倒塌了，造成 75 人死亡。倒塌是由于工程师在设计中一个小的计算失误造成的。传说第一批铁戒是由这座大桥的钢筋做成的，象征着谦卑，并以此提醒工程师谨记他们的义务、职业道德以及对公众的责任。

但设计专业的毕业生并不会被授予任何戒指，本书试图填补这一空白，呼吁每个人去寻找属于自己的戒指。

关于本书

本书将探讨由"糟糕"的设计所造成的几种类型的伤害。你将学到，设计真的会要命（第 1 章和第 2 章）、设计能激怒用户（第 3 章）、真让人伤心（第 4 章）、设计能排斥用户（第 5 章）。幸运的是，有一些工具和技术能够防止伤害的发生，也有很多的群体、公司和组织正在帮助将世界变得更美好。

这几章首先介绍了糟糕设计的案例及其所带来的负面结果，之后列出了应从中学到的重要知识点。每一章最后都附上了一段访谈，这些访谈的对象都是领域内的权威。他们慷慨地分享了自己的知识和建议，我们希望他们能拓宽你的设计视野。你也会读到一些设计师的个人故事，了解到他们做了怎样的糟糕设计并造成了怎样的负面影响。深刻剖析自己的失败是一件很困难的事，在此我们要感谢这些设计师，也希望他们能够对你有所启发。

在本书的后三章中，我们提供了一些方法来帮助设计师避免造成无意识的伤害，也针对设计师能够做些什么给出了建议，最后介绍了一些做出了优秀设计的公司。

O'Reilly Safari

Safari（旧称 Safari Books Online）是一个为企业、政府、教育工作者和个人提供培训和参考的会员制平台。

会员可以获得由 250 多家出版商提供的大量图书、培训视频、学习方法、互动式教程，以及精选播放列表，这些出版商包括 O'Reilly Media、Harvard Business Review、Prentice Hall Professional、Addison-Wesley Professional、Microsoft Press、Sams、Que、Peachpit Press、Focal Press、Cisco Press、John Wiley & Sons、Syngress、Morgan Kaufmann、IBM Redbooks、Packt、Adobe Press、FT Press、Apress、Manning、New Riders、McGraw-Hill、Jones & Bartlett、Course Technology 等。

想了解更多信息，请访问 http://oreilly.com/safari。

意见及问题

你可以把对这本书的意见和问题反馈给出版社。

美国：

O'Reilly Media, Inc.
1005 Gravenstein Highway North
Sebastopol, CA 95472

中国：

北京市西城区西直门南大街 2 号成铭大厦 C 座 807 室（100035）
奥莱利技术咨询（北京）有限公司

O'Reilly 的每一本书都有专属网页，你可以在那儿找到本书的相关信息，包括勘误表 [1]、示例以及其他信息。本书的网站地址是：http://shop.oreilly.com/product/0636920038887.do。作者也为本书设立了一个网站：http://www.tragicdesign.com。

对于本书的评论和技术性问题，请发送电子邮件到：
bookquestions@oreilly.com

要了解更多 O'Reilly 图书、培训课程、会议和新闻的信息，请访问以下网站：
http://www.oreilly.com

我们在 Facebook 的网址：http://facebook.com/oreilly

请关注我们的 Twitter 动态：http://twitter.com/oreillymedia

我们的 YouTube 视频网址：http://www.youtube.com/oreillymedia

致谢

Jonathan

感谢我最爱的妻子 Forouzan，你与我分享了从你老师那里知道的关于 Jenny 的故事，正是这个故事点燃了我写书的欲望。同时你也一直支持着我，陪伴我经历了这一路上的起起落落。

感谢我的合著者 Cynthia，如果没有你努力的工作和渊博的知识，这本书恐怕连现在的一半都比不上。非常感谢！

感谢我的朋友 Sam Mazaheri、Chris Liu，以及我的导师 Andy Law，你们让我成为了一名更优秀的设计师和一个更好的人。感谢 Eric Meyer 和 Jared Spool，你们在早期就给了我很多宝贵的意见。感谢这一路上所有帮助过我

注 1：本书中文版勘误请到 http://www.ituring.com.cn/book/2098 查看和提交。——编者注

们的人。我被整个设计界的支持和善良所深深地感动。

最后，感谢 Shawn Chittle，是你给 Tim O'Reilly 发了推文，才让这本书得以出版。感谢 Tim 给了我这么一个机会，让我有幸去揭示一些很重要的问题。

Cynthia

致我的儿子 Émile，在我写作本书期间，你在我的腿上入睡并度过了无数个日夜，你教我成为更好的自己。我爱你，宝贝。

致我的未婚夫 Mathieu，你已经听过无数遍"我如何刺伤了我的朋友"的故事，谢谢你。

如果我的朋友 Fred 死了，那这本书也就不会存在了。感谢你那天没有死。

致我的合著者 Jonathan，感谢你能听取我的反馈并邀请我加入这个计划，我欠你一个人情！

致我的编辑 Angela，感谢你宝贵的时间、反馈以及耐心。

致所有的贡献者、审阅人、帮助者，以及那些允许我们使用其图片、资源、想法和文字的人，谢谢你们如此慷慨。

电子书

扫描如下二维码，即可购买本书电子版。

第 1 章

引言

谋杀了Jenny的界面

因为糟糕的界面、产品和体验设计而导致死亡的案例屡见不鲜，其中有一个案例促使我们写了这本书。

有一个小女孩被诊断出患了癌症，我们暂且称她为"Jenny"。多年来，她反复进出医院，后来终于痊愈出院了。然而好景不长，不久之后 Jenny 便旧病复发，不得不开始接受一种强效药的治疗。这种疗法非常激进，用药的前期和后期需要三天静脉水化。给药之后，护士负责把所有需要的信息输入制图软件中，通过软件来跟踪患者的状况，并进行适当的干预。

虽然随访护士很认真地用软件做记录，并且细致入微地照顾着 Jenny，但她们遗漏了一项关键信息——Jenny 需要三天的静脉水化。

在接受治疗的第二天，Jenny 就因中毒和脱水而亡了。

经验丰富的护士之所以会犯下这样严重的错误，是因为她们在研究这个软件时分了心。看看她们使用的这款软件的截图（见图 1-1），看起来实在让人愤怒。它违背了许多简单且基本的可用性原则，难怪护士们会分心。首先，信息过于密集，用户无法快速地看到重要信息；其次，界面上使用的颜色不仅会进一步分散注意力，还会使重要信息无法突出显示；再次，任何关键治疗或者药物信息都应进行特殊处理以免有所遗漏，但在这个界面中我们看不到这样的特殊处理；最后，每次查完房后要及时完成信息记录流程，也称为"填表"，这需要耗费太多的时间和注意力。

图 1-1
美国众多医院都在使用的 Epic 制图软件的截图

作为专业设计师，每当听说这类事情时，我都很心痛。一项生死攸关的服务怎么会使用这么可怕的软件？人类的生命和健康值得我们为优秀的设计投入恰当的资源，不是吗？我们不禁扪心自问，如果自己参与了设计过程，是否能够避免 Jenny 的死亡呢？

如今，美国的医疗行业正面临着危机。1999 年，一篇具有里程碑意义的报告"犯错是人之常情"[1] 总结道：每年有 44 000~98 000 人死于医疗事故，造成 170 亿~290 亿美元的损失。近期的一项研究指出，据估计每年的死亡人数已达 10 万~40 万人。[2] 该研究报告中有这样一段话：

从某种意义上说，美国每年因可预防的不良反应（preventable adverse effects，PAE）而死亡的人数究竟是 10 万、20 万还是 40 万并不重要，因为无论人数是多少，我们都需要果断地采取行动去解决这一问题。

不幸的是，Jenny 的故事并不是一个特例。实际上，每天都有这样的情况发生，而且不仅仅发生在美国。然而，重要的一点是不应把这件事完全怪罪到护士身上，否则我们将无法了解导致这些严重错误的整个情境。在医疗领域，有一个称为**瑞士奶酪**的事故致因模型。这个模型（见图 1-2）将人类系统比作多片有孔干酪。

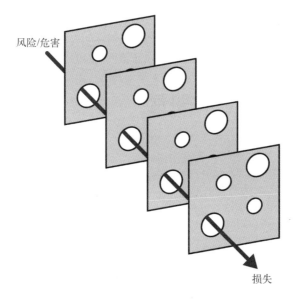

风险/危害

损失

图 1–2
瑞士奶酪模型展示了错误如何突破多层有缺陷的预防措施

在影响到病人之前，错误会经过很多个环节。以用药错误为例，任何一个环节都可能发生错误，比如医生开的处方、药剂师配药、药物的正确储存、护士准备并提供药物，以及用药方法。每个环节都有自己的漏洞（即预防措施中的缺陷），但它们合在一起会降低错误发生的概率。在 Jenny 的案例中，护士是最后一道防线，因此很容易把错误归咎于她们。但实际上，根据这个模型，界面设计才是最后一道防线。通常来说，界面设计应该减轻用户完成某项任务所需的认知负荷，进而将更多的资源用于防范失误。不幸的是，在医疗行业，它却带来了更多的漏洞。

认知能力是指大脑在任何时刻能够存储的信息总量。这个量是有限的，无法扩大。在 Jenny 的案例中，软件的信息量可能超出了护士的认知能力，她们不得不耗费精力去熟悉界面，以录入病人的护理情况并做出适当的安排。护士（以及所有医务人员）的工作环境和使用的工具中都充满了阻碍。每年发生数千次医疗错误，很明显我们不能再忽视这个问题了。现在的系统是有缺陷的，设计应该承担起修复的责任。

要注意的是，单纯提供一个更好的用户界面并不能完全解决问题。既然这是我们关注的领域，我们就应尽全力研究并增强它作为最后一道防线的作用。在医疗行业，科技与设计应该起到防护层的作用，避免错误的发生。但在 Jenny 的案例中，科技却成了造成悲剧性错误的关键因素。

设计师的角色和职责

设计师的角色是什么？如果你问 10 位设计师，可能会得到 10 个完全不同的答案。

Jared Spool 把"设计"简单归结为"意图的呈现"。虽说这不失为一个正确、合理且简洁的总结，但对于用户体验设计师来说，它缺少了一个重要的元素——人。我们（体验设计师）会将设计定义为"规划产品与人之间的互动"，尤其是从设计人们会使用的产品和软件的角度来看。

好的设计是显而易见、令人愉悦并对人有益的，而糟糕的设计会和人的行为相冲突，产生不必要的摩擦。若我们在设计的时候没有考虑最终用户，或者只有一个模糊的"客户"的概念，最终很有可能会做出糟糕的设计。**糟糕的设计往往以满足创造者（或者赞助商）的需求为主，其次才是满足用户的需求。**而好的设计会试图去理解目标用户，并且创造良好的体验去满足他们的需求。好的设计是有价值的，它的存在对于用户来说不是负担，而是以某种方式让他们生活得更好。幸运的是，好的设计不仅具有善意和愉悦的感觉，它更是一门赚钱的生意：在设计上投入资源是能够带来切实的回报的。有些专业人士甚至说，在用户体验上每投资 1 块钱，就会带来

100 块钱的回报。如果一款产品首先满足的是创造者自身的需求，而它的竞争对手满足的是用户的需求，那么用户极有可能选择后者。在当今的科技领域，竞争者比以往任何时候都容易去比拼功能并触达数百万用户。所以，以用户为中心的设计以其易于被理解和接受的特点，成了产品间主要的"分水岭"。

客户悖论

设计师往往会把一款产品的成功归功于自己，这当然是合理的。那么反过来，一款产品的失败，是否也应归咎于设计师呢？

现在有许多专门收录糟糕设计案例的博客。当我们见到这些设计时，很自然会因为设计师糟糕的工作、缺乏同理心或基本技能而责怪他们（你还会嘲笑他们，诚实点，承认吧）。但这不是事情的全貌。事实往往是，设计师听命于客户。Tim Parsons 在 *Thinking Objects: Contemporary Approaches to Product Design* 一书中批评过这种设计实践。之所以产生这种矛盾，原因是大部分时候设计师不是主导者：向他们支付报酬的是客户，而不是最终使用产品的用户。而客户有自己的愿景、商业需求、目标等，这让设计师处于一种很尴尬的境地。我们已经无数次听到设计师反馈，"最终我还是做了客户想要的设计"。不幸的是，目前并没有什么妙招可以解决这个矛盾。

当被委任做一个自己"感觉有问题"的项目时，设计师应尽可能去指正他们的客户。相较于仅仅完成项目，这也许会花费更多时间，但设计师应当担起这个责任。如果设计师自身有资本，他完全可以拒绝做这个项目，但这太理想化了，只有那些有话语权的设计师和设计公司才能选择这种果决的立场。更何况，即使一个人拒绝了这个项目，也会有另一个不那么正直不阿的设计师去做这个项目，最终结果可能是带来更大的危害。

我们知道，在职业生涯的某个时刻，我们都必须做出艰难的抉择。有时候，我们不得不将客户需求置于用户需求之上。但我们很难判断什么时候这种做法是可接受的，什么时候是不可接受的。很多职业都建立了自己的道德规范，这些规范由学校老师教授，并通过相应的专业规则来推动执行。这些指导性原则能帮助人们在复杂的情况下做出合理的决定，同时也保护了客户、用户以及做这项工作的专业人士。平面设计师有一些行为准则，但没有被广泛扩散或者强制实施。尽管国际设计委员会制定的一个行为规范模型是个良好的开头，但是我们觉得它还是不够全面，当我们面对本书中提到的很多情况时，它并不能帮助我们做出合理的决策。我们认为，目前最好的行为规范是由一帮学生和教授所写的，叫作"给饥渴的设计师的道德规范"（Ethics for the Starving Designer）。其中第一条原则是个很好的起点：

> 找到最符合道德规范的做法有时是很难的，但这并不妨碍我去寻找最符合道德规范的方案来解决我遇到的问题。如果我做了一个令自己不开心的决定，那么今后我会尽力为自己和他人做出更加符合道德规范的决策。虽然在某些情况下我不得不做出妥协，但在未来我不会甘心于继续如此，我会重拾决心去面对下一次的道德决策，从而得到比过去更好的结果。

每一位设计师都应该列出自己主张什么，自己认为哪些做法可以接受而哪些不能接受。这个"永远不会做"的列表会帮你在遇事时做出艰难但正确的决定。

了解及辨别隐性代价

通常，我们中那些热衷于技术的人都会被科学和科学探索所吸引。我们傻傻地看着技术带来的所有可能性，但很少去思考"为什么"会存在这些技术。我们要对自己带到世界上的事物负责，就像家长要对自己的孩子负责一样。为了追逐下一个创意、下一笔金钱、下一波趋势，我们常常随意创造。但我们应该问问自己创造的东西是否有存在的必要，这不仅从哲学和道德的角度来看很重要，从商业的角度来看同样重要。而且，我们必须问问自己：我们的成功是否有隐性代价？对某些公司来说，该代价可能是对环境的破坏；对其他公司来说，代价可能是损害了员工的健康或者失去了客户的信任。我们经常被蒙蔽，误以为自己是成功的，但实际上，这些代价是隐性的或外化的。如果我们不能辨别出所有的隐性代价，不能意识到我们的设计会对周边世界造成什么影响，就会在盲目之中对他人造成无意的伤害。

为了辨别和避免这种潜在的隐性代价，我建议做几个列表，包括"目标""非目标"及"反目标"（也称作"危害"）。如果你的公司使用的话，那么你可以把它们加到产品大纲或者创意大纲中。"目标"的概念是相当明确的，但产品设计大纲中很少有后两个列表。"非目标"列表是为了明确那些不在当前努力范围内的目标。虽然这听着没有什么必要，但以我的经验，在某个或多个目标的界定模糊，或者它们有"范围蔓延"的趋势时，明确范围外的目标是很有价值的。"反目标"列表用来描述你最不希望发生的事情。在"反目标"之后还需要说明你如何通过明确的测试目标，确保这些"反目标"的事情不会发生。我们称这些为"安全措施"。

举个例子，以下是某网站新订阅页的设计大纲，其中列出了上述三种目标。

- 目标（这个功能会）：
  - 允许用户注册服务；
  - 提供流畅的订阅流程，以确保在整个过程中不会流失用户；
  - 通过和竞争对手对比，强调我们的服务具有的所有优势。
- 非目标（这个功能不该）：
  - 影响首页的内容；
  - 更改登录和密码验证；
  - 影响用户登录后看到的第一个页面。
- 反目标（这个功能绝对不会）：
  - 用隐性定价结构来迷惑潜在客户；
  - 隐瞒"服务自动收费，除非退订"这一事实；
  - 把取消流程做得非常复杂；
  - 影响到客服票据的数量。
- 安全措施：
  - 我们会做用户测试，确保潜在客户在注册之前已经理解了定价结构和订阅模式；
  - 如果发现客户有疑惑，我们会监控客服电话并对页面进行修改。

总结

科技一旦脱离了好的设计，很快就会从"帮人"变成"害人"。科技能要人命，但这不是唯一的负面影响。它能带来**情感上的伤害**，比如社交应用助长了欺凌；它能引起**排斥性**，比如有视觉障碍的用户无法参与某热门网站上的社交，就因为这个网站没有遵守简单的无障碍设计规范；它能造成**不公平**，比如将某人的投票作废，或者带来**挫败感**，比如忽略了用户的偏好。

设计师是科技的守门人，在科技影响人类生活之路上发挥着重要作用。我们应该确保这扇科技之门尽可能向更广泛的受众敞开，并提供更多的便利。

在接下来的几章中，你会看到许多人慷慨地分享科技给其日常生活带来负面影响的故事。我们还采访了一些优秀的设计师，他们都在以自己的方式，试图通过自己的工作来造福社会。我们会深入剖析那些糟糕的设计，看看它们如何干扰了人们的现实生活。我们将分析一些极端案例以及一些普通案例，这些普通案例是设计师在工作中可能会遇到的。尽管我们竭尽全力为处理这些难题提供可行的建议，但并非事事皆有答案。我们的主要目的是揭示这个领域的种种问题，提醒大家糟糕的设计是会干扰人们的日常生活的。这也是解决任何重大问题时最重要的一步：凸显它。

重要结论

(1) 指责流程中最后一环的人犯了错并造成重大损失是毫无意义的。他们通常只是多层瑞士奶酪模型中的一层而已。

(2) 好的视觉设计可以减轻完成某项任务所需的认知负荷。

(3) 糟糕的设计往往以满足创造者（或者赞助商）的需求为主，其次才是满足用户的需求。

(4) 设计师并不总是拥有话语权，因为多数时候他们服务的对象是客户。当面对那些令人不快的设计方案时，设计师有责任指正并引导他们的客户。

(5) 隐性代价常常让我们误以为所做的事情是成功的，然而事实却是代价被隐藏或外化了。如果不清楚所有的隐性代价以及我们的设计对周围世界的影响，我们就会在盲目之中对他人造成无意的伤害。

(6) 设计师是科技的守门人，在科技影响人类生活之路上起着关键作用。我们应该确保这扇科技之门向更广泛的受众敞开，并提供尽可能多的便利。

对 Amy Cueva 的访谈

下面是对 Amy Cueva 的访谈，她是 Mad*Pow 的创始人和 CEO。Mad*Pow 是一家屡获殊荣的机构，合作伙伴既有世界 500 强，也有初创公司。Mad*Pow 每年都会在美国新罕布什尔州的朴次茅斯，组织一次名叫 HXD 的医疗设计峰会。

1. 你如何看待影响医疗的糟糕设计？

医疗方面的糟糕设计案例不胜枚举。作为一个行业，它在设计的接受和投入上都相对落后。设计的问题体现在视觉、交互、信息架构以及可用性上，但最大的问题本质上是系统和体验上的。具体示例如下。

电子病历（EMR）

> 与电子病历系统的交互需要花费大量的时间，也在病人和医生之间划出了一条物理边界，并且分散了双方的注意力。这种交互缺少了人性，更像是事务处理。本质上，电子病历就是个存储患者医疗信息的数据库的接口。

医疗保险计划的选择（美国）

> 通常，人们很难判断哪个计划适合自己，因为计划中使用的术语是他们不了解或者很难理解的。要辨别出两个计划的花费以及对应的护理质量是非常困难的。

孤立且不愿意冒风险

> 卫生组织的内部及其相互之间都是独立的。这会妨碍大家合作做出能够改善健康体验的设计。卫生组织是为了防范风险而成立的，但为了创新，有必要冒一点点风险去探索新概念并进行测试。这涉及文化转变，会有一些困难，也需要时间。

决策的支持和干预

> 关于最佳的治疗方法和最有效的护理方法，我们拥有大量的数据。我们讨论大数据，却很难在正确的时间获得正确的信息再提供给正确的人。这是一个设计问题，但也是技术和组织的问题。

预防疾病很难货币化

> （美国）医疗系统主要做疾病护理。设计这个系统是为了照顾那些生病的人，而不是为了预防疾病的发生。预防疾病是一种投资，但很多组织

并不愿意做这种投资，因为无法获得即时的收益或者认为这是别人的问题。但现在医疗系统正处于危机之中，它正在变成我们所有人的问题。

2. 你认为设计将如何改变医疗领域？

我认为以人为本的设计将为我们指引方向，推动企业创新，并带来积极的人为影响，进而帮助我们改善健康体验。我认为设计及设计师在改善健康体验过程中发挥着重要作用。作为设计师，我们要为那些受我们设计影响的用户着想，我们要有同理心，要展望更美好的未来，要给所有人描绘出蓝图，然后带着大家与我们一起将美好的未来变成现实。

我们需要将客户、患者和普通人作为工作的重点，因为目前他们被独自留在一个无法与之相连的医疗生态系统中。医疗系统在发挥作用，但并没有达到我们希望的样子，它没有考虑人类的护理、连接和创新能力。我们可以做一些事务性工作之外的工作。我们可以与服务对象建立信任，并在他们最需要我们的时候立即出现。在整个就医过程中，我们可以成为他们的伙伴，通过生态系统追踪他们的就医路径，发现一些未满足的需求以及有共同目标的卫生组织。我们知道，卫生组织内外都存在着孤岛，但我认为新形式的合作将有助于我们打破壁垒，并得到前所未有和无法想象的创新成果。

新的合作方式和共享服务将帮助我们打破壁垒，去解决当前医疗生态系统中存在的痛点及未满足的需求。

3. 设计师如何能帮上忙呢？

设计师可以充分了解设计对象的需求，并为之着想。设计师可以将对组织服务的对象最有益的体验和组织的目标联系起来，并做成一个吸引投资的商业案例。设计师可以分析出糟糕的设计会带来什么风险，以及优秀的设计能带来什么好处。设计师可以践行以人为本的设计方法，并且邀请其他人加入，让其他人了解这种方法的效力。

设计师可以遵照组织的重点，并为之做贡献，同时将它与"设计师誓言"联系起来。设计师可以查找生态系统中有共同目标的其他组织，并探索如何将这些组织或其他已有的信息、资源及服务集成到解决方案中。

设计师要有同理心，展望美好的未来，并给其他人描绘出一幅蓝图。设计师在想象和描绘更好生活方式的过程中起着重要作用，他们也可以激发大家一起去开辟新道路。

4. 非设计师该怎样帮忙呢？

非设计师可以去了解每个组织主张什么——除了营利还有什么目标，以及在平时的作为中是如何实现这个目标的。然后他们可以根据组织的目标与他们个人的兴趣点是否一致，来决定跟谁合作。非设计师可以去询问组织机构，他们是如何让患者、客户和普通人参与创建和改善组织的流程、制度和系统的。

5. 在让世界变得更美好的过程中，设计扮演什么角色呢？

以用户为中心且受同理心启发的设计并不是空想，而是一种很不错的做法，它能对社会产生积极的影响。Belinda Parmar 2015 年发表在《哈佛商业评论》上的文章"企业的同理心并不矛盾"（Corporate Empathy Is Not an Oxymoron）中指出："无论是在董事会会议室还是在生产车间，同理心都是一项必须掌握的'硬'技能，丝毫不'软'。"同理心会对如何设计产品、提供服务、建立合作关系以及管理组织，给予我们启示。同理心是一种体验经济。其他行业的组织早已意识到这一点。比如在金融服务中，同理心不仅仅关乎销售产品和提供服务，或是帮助用户轻松完成自助交易，它还关乎用户和组织之间的关系，以及这份关系中的感知收益。想象一下，如果一个国民银行帮它的顾客多节约了 5%，这将对银行大有好处，当然对个人也是一样，同时对整个社会也会有巨大的影响。

当组织实现其目标时，我们会发现"企业的社会责任"与"客户体验"的原则是趋同的。这会带来远超营销信息或广告活动所能带来的效果；以目标为驱动的公司会将此融入其所有业务职能，以此为实现目标创造动力，并最终获得竞争优势。仅仅将获得利润作为目标是远远不够的。这就要求我们打破过去定义组织的标准边界。

我们发现这些边界已经开始变化了，因为保险公司的目标不再只是做客户的"鉴定伙伴"，而是帮助客户变得更健康，医药公司除了药物之外也开始探索"数字疗法"了。

考虑而不是利用用户的需求和动机，就可以带来利润。此外还需要清楚地了解：组织所做的决定会如何影响社会，如何处理意料之外的结果，相关的道德准则有哪些。

消费者越来越清楚地意识到企业每天对社会产生的影响，这也会对他们决定和谁打交道产生影响。关注影响的企业会瞄准客户群的兴趣点，进而在市场上脱颖而出。这需要把目光放长远，理解长期影响，而不是着眼于短期收益。

6. 为了避免造成伤害，设计师应怎样优化他们的设计流程呢？

我们可以学习或研究问题，采用包容性的设计方法。走出办公室，去和我们的设计对象面对面交谈。在他们真实的生活环境下，我们可以更深入地了解什么能带来真正的意义和价值——能激励他们、吸引他们、给他们启示、引导他们和让他们舒心的都是什么。人类是复杂的，他们故事中丰富的细节能给我们带来信息和灵感。

Layton Christensen 探讨了理论在引导颠覆性创新中的重要性，并指出"只有了了解了我们现在服务的人，才能构建出关于未来的理论"。民族志研究（到人们生活的环境中与他们交流并观察他们）能帮我们更好地了解当前的问题，发现尚未满足的需求，这样我们就能创造出扎实的理论来引领我们前进。此外，民族志研究能激发我们的同理心，为我们的创造力提供必要的灵感。举个例子，如果我们希望慢性病患者不要把急诊室当作初级治疗室，我们是否应该去急诊室和病人谈话？对于为什么他们要去急诊室，以及该如何改变这种情况，我们是否在做假设？

组织机构需要将同理心的建设活动整合进设计流程中，并开始关注同理心。我们可以鼓励组织机构的干系人去参与民族志研究、参与式和协作式的设计方法，以及验证活动，比如可用性、有用性、合意性和有效性测试。持续做这项工作的公司将会获取丰富的信息，而在未来几年中这些信息将会指导他们改善体验。

通过研究我们开始了解情绪。情绪会告诉我们，我们需要关注什么，我们在哪些方面做得好，哪些方面需要改善。服务对象的情绪很重要，情绪会影响他们的前进之路。不仅是服务对象的情绪很重要，我们自己的情绪也很重要。我们要允许自己去感受。情绪让我们超越认知，直面内心。这种直觉会激发我们的好奇心，丰富我们的想象力，增加我们的智慧，引导我们去行动，并且激励我们坚持下去。

通过用户画像，我们可以全面考虑用户在体验中会产生的情绪以及会碰到的场景。站在服务对象的角度思考，我们会发现如何能让他们的生活变得更好。用户画像不仅包括了人口统计信息，也包括了行为、心理和情感信息。用户画像可以指导我们的团队去做一些体验相关的决定，但是只有用户画像是不够的。

为了使关于体验的努力有的放矢以及衡量我们的表现，我们可以根据研究结果建立一个"需求等级"。比如：**值得信任**——在需要信息和工具时，我就能得到；**容易**——这家公司、产品或者服务很好打交道；**友好**——我感觉他们考虑了我的需求，自己也被善待了；**有意义**——对我的生活有意义，我取得了更大的成果或者得到了意想不到的好处；**非常酷**——哇哦，这真的很酷！

我们行业中的很多人都有"新奇事物综合征"，也就是常常想直接跳到"非常酷"这一步，不经过"值得信任""容易""友好""有意义"这四级。我们可以审查一下这个生态系统的交互性，从每个用户画像及对应的需求等级的角度去检查每个接触点，并且是从下往上地检查。

我们可以看看市场上其他已有的医疗解决方案和医疗实体，并搞清楚如何集成这些技术，或者如何与它们合作，以便代表患者去连接这些医疗相关的体验要素，以及按照各组织除营利之外的目标去审核当前的医疗体验和未来的国家理论。

"体验"的好坏也取决于我们内部是如何进行组织以提供体验的。如果我们内部乱七八糟，那么最终的体验也将乱七八糟。光想出一个超棒的体验是不够的，我们还需要将其带到市场上。为了提供卓越的体验，我们需要帮助我们的组织进行改革，做任何事都要以同理心为驱动，以用户为中心。我们也将继续研究如何向高管和决策人传达基于同理心的设计的优势，让他们参与其中，并为他们提供必要的培训、方法和工具来帮助他们学习。提供培训确实会奏效，比如德国的 Telefonica 公司在实施了六个月的公司级同理心培训项目之后，客户的满意度就提高了 6%。

在前面提过的"企业的同理心并不矛盾"一文中，Belinda 指出同理心是可以衡量的，同时提到"认真的人一般会拒绝考虑同理心，而采用更具体、更缜密的理性分析"。我认为理性分析并不能提供丰富多样的灵感，同理心和以人为本的设计则可以，而灵感能够促进试验性和颠覆性的创新。但也不要停留在衡量组织的同理心上。也要考虑如何衡量客户需求等级和组织目标上的表现情况。要制定激励计划和积分结构。很多公司发现，当激励计划与以客户为中心的衡量标准保持一致时，短期内就会获得快速增长。与我们合作的一家公司组建了一支跨领域团队，去评估每个商业决策会给客户体验带来正面、负面还是中性的影响。如果预测结果是负面影响，马上会用新的方案去补救这个影响。决策框架会有所帮助，但也要避免"决策环节中由数字替代人做决定"。

参考文献

[1] Kohn, Linda T., Janet M. Corrigan, and Molla S. Donaldson, eds. To Err Is Human: Building a Safer Health System [M]. Washington, DC: The National Academies Press, 2000.

[2] James, J. T. A New, Evidence-Based Estimate of Patient Harms Associated with Hospital Care [J]. Journal of Patient Safety 9:3 (2013): 122–128.doi:10.1097/pts.0b013e3182948a69.

第 2 章

真的会要命

设计数字化媒介时，很容易脱离"设计决策如何影响最终用户"这个问题。"用户"这个词本身就是一种脱离。当"用户"没有具体的面孔和姓名时，就是一个不明确的概念，它可以与其他定量指标相结合，用于证明商业决策的合理性。很快"用户"就变成了密密麻麻的业绩表上的一个数字。对于产品来说，它就是在努力增加收益时要考虑的一个指标而已。

增加公司收益本身没有什么问题，追踪成功指标也没有什么问题。但因为定量指标不夹杂个人感情，所以它们常常处于同理心的对立面。定量指标可以将用户物化、去人性化。如果用户受到了伤害，它还能让我们免受良心上的不安以及羞愧和内疚之感。过去，用户体验设计师没有充分利用指标。我们认为，拥有指标可能有助于确保避免用它们将用户物化和去人性化。因此，在定性指标和定量指标之间找到一个平衡点是很重要的。研究表明，我们很容易对一群关系亲密的人感受到强烈的情感，但要把这种关心扩展到数以千计我们未曾见过的用户身上是很困难的。[1]但这不是逃避责任的借口。我们应该时刻关注我们工作的潜在影响。这也是用户访谈和用户观察如此有用的原因。然而，很多设计师都没见过真实用户是怎样使用他们的产品的。

愚蠢的错误与愚蠢的用户

人们很容易将灾难和错误归咎于用户的无能。实际上科技圈里有很多俚语，它们全都是贬义的，暗指用户才是问题，用户比较愚蠢。你是否听过"PEBKAC"这个缩略词？它的含义是"在键盘和椅子之间存在问题"。或者，你听过"类型16"错误吗？它的意思是错误不在计算机里，而在离屏幕16英寸远的地方（又是指用户）。甚至在美国海军和陆军中，也有用来嘲笑用户错误的俚语。海军使用"Eye-Dee-Ten-Tango"[2]（ID10T）[1]，陆军则使用"One-Delta-Ten-Tango"（1D10T）。虽然听起来很好笑，就像个办公室笑话，但这种想法会让"聪明"的创造者和"愚蠢"的用户之间产生距离。这种冷漠最终会发展成不负责任、偏见、偏执以及轻视。这也会妨碍我们从错误和悲剧中吸取经验和教训。

毕竟，也许大部分bug都属于"类型16"：距离**设计师**的屏幕16英寸的地方。

优秀的设计师应该不断寻找机会去了解他人犯错的原因。不要一味指责犯错的人，我们更应该试着站在他们的角度，诚实回答："什么会导致我做出与他们一样的设计？什么样的决策导致了这个产品被通过，并最终推向市场？我如何避免这种情况发生在自己身上？"

事后再研究某个事故时，我们会思考这个事故是否本可以避免。这时候"使用错误图表"（Use Error Chart）非常有用（见图2-1）。当你批判一个设计的时候，我们鼓励你参考这个图表。如果错误是由于"正常使用"范围内的操作引发的，那么设计团队早应该针对这个错误做好计划，并应承担责任。如果这个错误是由正常使用范围之外的有意操作引发的，那么只怪罪于设计师是有问题的。不过，如果这个正常使用范围之外的错误操作会造成严重后果，那么设计团队应该做些减轻危害的尝试。我们会在第4章中描述这些情况，并给出一些技术方案，尽可能多地解决这些有潜在风险的使用情况。

注1：形似单词idiot，意思是"笨蛋"。——译者注

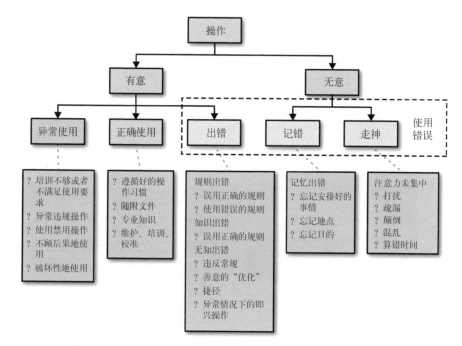

图 2-1
受 IEC 62366:2007 启发而得的"使用错误图表"。如果事后你想要分析一个事故,可以参考这个图表。它可以解答"这个事故是否可以避免"

我们将在这一章中分析一些案例,其中糟糕的设计造成了生理上的伤害。我们并不想用这些案例来耸人听闻,我们也不认为糟糕的设计是造成这些灾难的唯一原因。有时候,设计本身是非常好的,只是没有为某些用例做好规划,结果导致了事故的发生。我们想把这些案例当作学习的机会,所以我们将关注设计在造成身体伤害的过程中所起的作用,以及未来我们应该做些什么来避免再发生类似的事情。

案例研究1:Therac-25

Therac-25(见图 2-2)是一台放射治疗仪,利用电子光束或者 X 光束产生安全范围内的辐射量。在它之前,还有两个型号,Therac-6 和 Therac-20。放射治疗通常是癌症治疗中的一部分,用来控制或者杀死癌细胞。Therac-25的故事就是一个教科书般的例子,被许多的计算机科学课程引用。它完美地诠释了软件是如何伤人的。在 1985 年到 1987 年之间，发生了 6 起与用药过量相关的事故。其中 3 名患者后来因为伤势过重死亡，其他人也伤势严重。值得庆幸的是，一共只安装了 11 台机器，之后全部被召回，做了大量设计修改，包括软件防错的硬件保障。

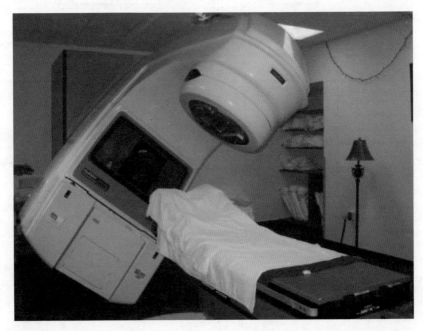

图 2-2
Therac-25 放射治疗仪

Therac-25 的操作员要在机器上输入药方剂量和模式，由机器给药。问题是，在极个别情况下，这台机器会发射数千拉德（辐射吸收剂量单位）到病人身上。在某些情况下，剂量会上升到 17 000 拉德（一般单次治疗的剂量是 200 拉德）。吸收如此高的辐射剂量后会即刻产生剧烈疼痛，有一次一位病人直接从治疗台上跳起来冲出了房间。在接下来的几周内，身体所受的影响更为可怕。要知道全身受到 1000 拉德的冲击波是会丧命的，可想而知，17 000 拉德的冲击波照在一块只有硬币大小的区域上会造成怎样的灾难性后果。致命治疗后的第一天，病人身上出现了皮疹和烧伤的痕迹。然后，在接下来的几周内，伤口变成了一个大洞，类似于"一个慢动作枪弹"造成的伤。[3] 当病人报告了他们的伤势后，生产该设备的公司否认这是个问题，并称这是不可能的。Therac-25 的错误和由它导致的问题目前都已有详细的记录了。

界面诊断

为了公正地评判界面的好坏，我们将使用 Jakob Nielsen 建立的界面设计十大可用性原则。我们也可以使用其他原则，比如 Theo Mandel 的黄金规则，或者 Bruce Tognazzini 的交互设计第一原则。这些资源都值得我们去阅读。但我们决定使用 Nielsen 的十大原则，因为它更简单，也更易于理解。虽然这些原则是 20 多年前创建的，但仍被业界广泛应用并被视为最佳实践。我们并没有因为生产 Therac-25 的公司没使用这些原则而去指责它，因为那时候根本就不存在这些原则，业界还在摸索界面设计的最佳实践。

作为提醒，以下是从 Nielsen Norman 集团网站摘录下来的原则列表。

(1) 系统状态的可见性

系统应该在合理的时间内做出适当的反馈，让用户知道发生了什么。

(2) 系统与真实世界相匹配

系统应该使用用户的语言，采用用户熟悉的单词、短语和概念，而不是系统术语。遵循现实世界的惯例，让信息的出现符合自然的逻辑顺序。

(3) 用户的控制性和自由度

用户经常错误地选择了系统功能，他们需要一个明确的"紧急出口"标识来退出该状态，而无须通过一个扩展的对话框。要支持撤销和重做。

(4) 一致性和标准化

不应该让用户去猜测不同的用词、情景或者操作是否会产生相同的结果。应遵循平台的惯例。

(5) 错误预防

比提供错误提示更好的做法是通过用心的设计防止错误发生。要么去除易于出错的条件，要么在用户执行操作之前提供一个确认选项。

(6) 认知而不是记忆

尽量减少用户的记忆负荷，对象、动作和选项都应该是可见的。用户不必记住如何从对话框的一个部分到另一个部分。系统的使用说明应该是可见的或者是容易获取的。

(7) 使用的灵活和高效性

加速器——新手用户是看不到的——可以经常加速高级用户的交互，这样系统就可以同时满足有经验和无经验用户的需求。允许用户调整频繁的操作。

(8) 美学和极简设计

对话框中不应该包含无关紧要的信息。对话框中每多一个信息单元，就需要和相关信息单元的样式相匹配，从而降低了它们之间的相对可见性。

(9) 帮助用户识别、诊断并从错误中恢复

错误提示应该使用简明的语言（不要用代码），准确地反映问题所在，并且提供一个建设性的解决方案。

(10) 帮助和文档

虽然系统无须使用文档最好，但是有必要提供帮助和文档。而且这种信息应该很好找，专注于用户的任务，列出具体的操作步骤，同时不能太大。

第一个问题

我们来看一下 Therac-25 的界面问题。虽然界面不是导致错误的唯一因素，但我们认为它是个关键因素。比如，在一个致命的实例中，操作员输入处方剂量的时候，病人已经躺在放疗室里了。Therac-25 界面要求操作员先选择一个模式，然后输入指定辐射量（见图 2-3）。根据加州大学伯克利分校计算机科学教授 Brian Harvey 的一个讲座，操作员先输入所需的模式（输入 e 表示电子射线，x 表示 x 射线），然后移动到下一个输入框。这时，操作员突然意识到他刚刚输入的模式不对，于是试着按了几次向上键想要返回到刚才的输入框（记住当时是 20 世纪 80 年代，那时还没有鼠标）。

当操作员试图纠正错误时，他并没有注意到，按向上键并不会移动光标，而是会输入一个代表向上键的字符串。这个字符串是键盘给计算机程序的

一个信号，用来识别按了哪个键。

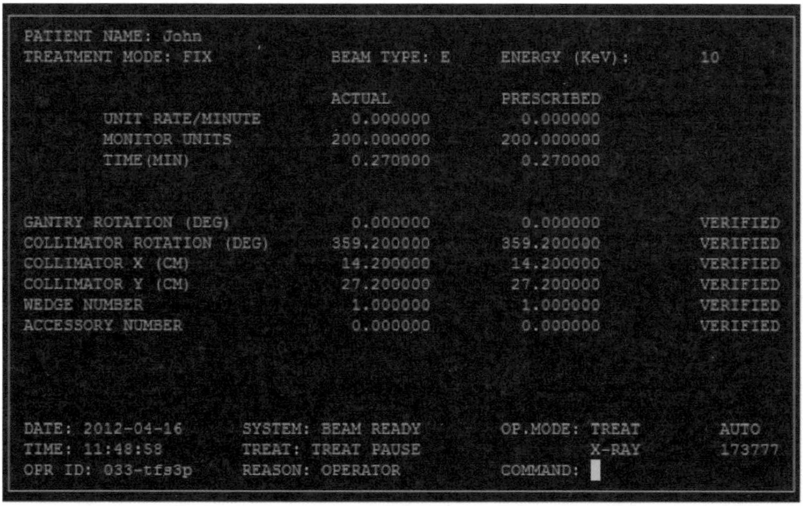

图 2-3
命令行界面，类似于 Therac-25 的界面（来源：Wikibooks）

很明显，这违反了 Nielsen 的第一条原则：系统状态的可见性。操作员并没想到他通过输入框输入了向上键的字符串，而且此界面上也没有显示当前状态。用户不应对输入的内容感到疑惑，也不应检查他们输入的内容，看是否能让仪器正确运转到最后。也许这听起来是显而易见的，但软件应该**一直**显示用户正在输入的内容。

第二个问题

第二个界面问题是，如果输入框中没填任何内容，系统就会自动提供一个默认值。这也违反了 Nielsen 的第一条原则。有时默认值能有效地防止错误发生，但是设计一个专门给病人设置辐射剂量的仪器时，显然不需要这个默认值。默认值要是不显示的话，就会更危险。如果用户不知道有默认值，他们可能会执行意外的操作并且造成困惑。

第三个问题

第三个界面问题是关于错误提示的。在另一个实例中，当操作员填写完成并且执行时，Therac-25 软件返回了一个错误提示。通常来说，提供错误提示是个好方法。但不幸的是，这里它仅仅显示了"故障 54"几个字，描述得不够清楚，让人无法理解这个问题是什么，如何能解决。在使用 Therac-25 的过程中，类似模糊的错误提示经常出现。操作员已经习惯按 "p" 键跳过错误提示。操作员对这些不合理的错误提示已经习以为常，这一次他又忽略了这个错误提示，结果导致了辐射过量。操作员（并不知道这会烧伤病人）跳过一次错误提示后，这个提示又出现了。每跳过一次错误提示，隔壁房间的病人就会被增加 15 000~16 000 拉德的辐射量。这个病人之前接受过这台仪器的治疗，他感受到了这次的疼痛不对劲，于是试着求救。他挣扎着爬到门口，敲击大门，希望有人能听到。通常，操作员会通过治疗室里的摄像头和对讲机来观察和监听病人的情况。不幸的是，那天这两样设备都出了问题。几周后，病人因为吐血被送回了医院，医生诊断为辐射过量。这次的治疗让他的左臂和双腿都瘫痪了，左声带和胸腔内的横膈膜也都破裂了。五个月后他就去世了。

错误提示应该遵循 Nielsen 可用性原则的第 5 条、第 7 条和第 9 条。最好的错误提示是一点错误提示都没有。Therac-25 的软件界面应该简单易用，并显示出可能的下一步操作，同时要有实时验证。设计界面时应该了解设计的目的，并且应该为超出合理范围的操作设置相关界面，以此指导用户回到正确的交互中。

新用户的注册表单就是通过实时验证预防出错的一个好例子。新用户需要选择一个用户名（见图 2-4），而在他输入一个想要使用的用户名时，他能立即看到这个用户名是否可用，这样他就不用每回都验证完整个表单后才知道这个用户名是否可用。我们也经常看到另一种实时错误验证：用户需要再输一次密码来确认密码。如果两次密码不匹配，那么输入框就会自动变成红色，表示不匹配，并阻止用户进行下一步操作。

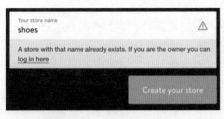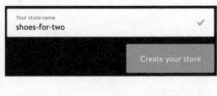

图 2-4
shopify 网站的一个实时验证例子。如果输入的商店名称已经被使用了，会为用户提供一个"登录"选项

在 Therac-25 的案例中，操作员对大量不合理的错误已见怪不怪了，这使得他们对屏幕上的各种提示都麻木了。想象一下，如果一个横幅广告或更新弹窗在一周内出现了 12 次，你是不是很容易忽略它？即使是使用了激烈的言辞、警告的话术或者亮眼的颜色，我们还是会忽略它。就像"狼来了"的故事一样，许多重要的警告信息会被忽略，因为同样的信息之前已被证明是无用的。这个概念通常被称为**广告视盲**，这也同样适用于"确认信息"。一个好的做法是，如果用户的操作不是破坏性的或者是可以撤回的，就不要一直让用户确认。因为我们接触过太多种确认方式，所以已经习惯了点击"确认"，甚至在点击之前都不读一下警告或说明的内容。

Gmail（谷歌邮箱）就是一个很好的例子，它的界面不会让用户进行一些没用的确认。当你删除一封邮件时，系统会自动执行删除命令，而不是询问："你确定要删除这封邮件吗？"如果你真的弄错了，系统允许你"撤回"（见图 2-5）。虽然这条提示没那么显眼，但当你无意删除了邮件并需要找回来时，这里就提供了一种恢复邮件的方法。

图 2-5
Gmail 收件箱的"撤回"操作。注意，让用户撤回的黄色横条取代了让用户确认的弹窗

最后，在 Therac-25 软件的例子中，错误提示的设计应该更加丰富和有用一些。"故障 54"并没有向操作员传递任何关于这个问题的信息。表单填写得有误？仪器坏了？他们需要给技术员打电话，还是应该再试一下？更糟的是，"故障 54"也没有列在仪器的用户手册上。如果操作员想知道，他都查不到。错误提示应该准确地告诉操作员哪里错了，并提供一个修复的操作。比如，警告说辐射量的默认值高于可接受的范围，然后引导用户回到表单中并且高亮填写错误的输入框。

测试不是选做的

如果 Therac-25 的创造者将设计（尤其是可用性）作为发布清单上的必做项，那么或许可以避免这些事故的发生。在产品的开发周期内，如果期限和预算都非常紧的话，错误提示的质量就显得不那么重要了。花费大量时间和金钱在产品的一小部分（只有一群受过培训的技术人员会用的界面）上是不太可能的。为了解决这个问题，国际电工委员对类似于 Therac-25 的一些事件做出了回应，它为医疗设备软件建立了生命周期开发标准。

要从这些事故中吸取教训并且防止未来再次发生，我们不能只是指责开发产品的公司和工程师。大多数涉及复杂技术的事故是由多种因素（组织、管理、技术甚至是政治因素）共同造成的。所有软件，哪怕是设计得非常完美，也会在某些情况下有出乎意料的表现。而作为设计师，我们又很难考虑到每个潜在的错误和 bug。所以，再怎么强调解决已确认问题的重要性都不为过。设计这些系统时一定要遵守基本的可用性原则，要是事后再去思考设计就晚了。还需要特别注意的是，简单的用户测试有助于识别出大部分常见错误。**对于医疗产品的界面，在真实场景中通过真实的用户进行测试是必不可少的。**

案例研究2：纽约城的渡轮撞击事件

2013 年 1 月 9 日上午，300 名乘客慢慢地登上了从 Seastreak 公司开往华尔街的渡轮。这一天和往常到纽约城上班的日子一样，但当渡轮靠近码头时，出事了：渡轮非但没减速，还加速了。它以每小时 12 海里（约 22 千米 / 时）的速度冲向了码头的桥墩，并且还撞到了另外一个桥墩，这造成了强烈的振荡，乘客们被甩了出去，玻璃碎片四处飞溅。当渡轮最终停下来的时候，共有 79 人受伤。据报道，其中 75 人是轻微受伤，另外 4 人则伤势严重。

我们是如何定义"轻微"和"严重"的，这一点很重要。想要掩盖数据的真相相当简单，尤其是当使用一些误导性或者含糊的术语时。我们应该谨慎对待报道中使用的委婉语，尤其是公司发言人使用的委婉语。"轻微"受伤未像人们想象中那么轻微，它的定义是：

> 轻微受伤是指扭伤、拉伤、颈部功能障碍、挫伤、擦伤、裂伤、脱臼或其他的临床相关后遗症。这个术语可以用来解释一个人受到其中一种或者多种伤害的情况。[4]

根据这个定义，有多处骨折的伤者将被视为"轻微"受伤。如果你曾经遭受开放性骨折或者看到过他人遭受开放性骨折，就会理解这一点也不"轻微"。《纽约保险法》第 51 条定义了"严重"伤害，如下所示：

> 造成有重大死亡风险的身体伤害，或造成严重毁容、严重损害健康或者严重损害身体器官功能的伤害。

渡轮撞击事故发生之后，很多人都戴着颈托被抬到了担架上。一位受害者说，因为手臂和大腿上剧烈的疼痛，导致他 10~15 分钟内都无法移动。安全委员会主席 Deborah A. P. Hersman 关于这场灾难的开场白是："我们知道有些人的生活因为这场事故而永远地改变了。"

所以是什么导致了这起事故的发生呢？是否有什么机械故障，使得渡轮加速而不是减速？并没有，负责调查这起事故的委员会明确表示事故中不存在机械问题。是否通信突然中断？信号不佳？事故报告中也否认了这些可能性，并且船长也通过了药物和酒精测试。那么事故原因到底是什么呢？一个非常简单的操作失误。操作仪表盘上有个设计漏洞。

航行初期，在过桥时船长感到了一丝振动。他猜测可能是螺旋桨里卷入了碎片，于是他把驾驶系统切换为备用模式，这个模式能让他手动控制螺旋桨叶片。这也是一道符合预期且正常的程序。但是他忘了切换回正常的驾驶模式。当渡轮靠近码头时，船长启动了常规的靠岸方式。但因为是在备用模式中，这个操作会导致加速而不是减速。

进一步迷惑船长的是，这艘渡轮共设有三个驾驶控制台：船两侧各有一个，中间还有一个。按照通常的靠岸程序，他需要转移到右侧控制台操作，这样他才能看到停船的点。当他意识到渡轮并没有减速时，他赶快跑到中间的控制台，以为自己可能是在转换控制台时犯了错。但渡轮并没有反应。在事故发生前的几秒内，他从一个控制台跑到另外一个，却没有注意到他误判了问题。

调查人员称，船长非常认真尽责且经验丰富。他接受过渡轮制造商的培训，而且也给其他船长培训过这套驾驶系统。但不管经验如何丰富以及培训如何，只要我们看一下下面这张控制台图片（见图 2-6），就能理解船长为何会犯这样的错误。

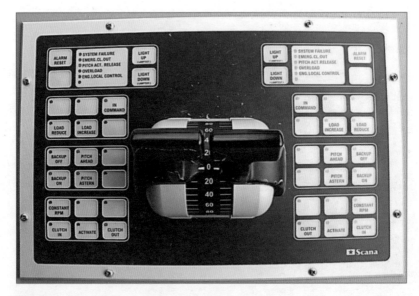

图 2-6
渡轮的操作面板。在一堆按钮和模式中,你能多快找到那个带着微小指示灯的"开启备用"(BACKUP ON)按钮?(资料来源:美国国家运输安全委员会)

给你自己几秒钟,在一堆按钮和模式中找到亮着灯的"开启备用"按钮。你找到了吗?没有?再试试,它在左边。你能看出是这个控制台在操控,还是另外一个控制台在操控吗?**当使用模式作为一种设计样式时,界面上需要清晰地指出每一个受此模式影响的元素**。这也与 Nielsen 的第一条可用性原则相关。

(1) 系统状态的可见性

　　系统应该在合理的时间内做出适当的反馈,让用户知道发生了什么。

使用合适的视觉反馈

这么重要的功能就使用了一个小红点,这样的视觉反馈并不合适。iPhone主屏幕上的"跳舞"模式就是"合适反馈"的一个好例子。当用户在屏幕上长按时,所有的应用图标就会开始摇晃。这表示,你可以四处拖曳这些图标重新进行组织(见图 2-7)。用户已经从"阅读模式"切换到了"编辑模式"。这种连续的动画能够帮助用户理解,轻点应用图标并不会得到和往常一样的结果。界面上受此模式影响的每个元素——只有这些元素——都会表现得不一样;不受影响的元素,比如电量、时钟、手机运营商,都表现得和往常一样。

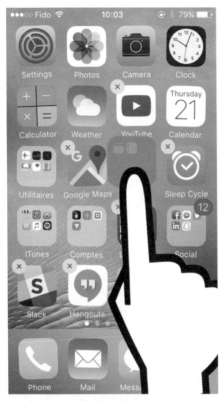

图 2-7
在 iOS 上,摇晃图标是一个信号,表明现在 iPhone 处于可移动或删除应用的模式下

在渡轮控制面板的案例中,设计违背了驾驶员的习惯。界面并没有很好地突出所选模式影响到的所有功能。一不留神就会错过这个小红点,而同样的操作会因为小红点的亮或不亮而产生完全不同的结果。设计应该始终负责防错工作,并要减轻用户的认知负荷,而不是让用户承担防错责任。打了一个喷嚏、有一只鸟飞过、对讲机上有一条留言等,这些都不足以造成致命错误。如果一份政府报告把 75 人受伤归咎于设计,那么这个设计真的是非常糟糕了!

案例研究3：福特Pinto

20 世纪 60 年代末，福特与其他国家的汽车制造商展开了激烈的竞争，需要打造一款价格适中的小型车。福特公司给自己树立了一个远大的目标：新车重量不能超过 2000 磅，价格不能超过 2000 美元。福特认为这是顾客所需要的车型。在小型车市场上赢得胜利是很困难的。用户在搜索低端车的时候，价格是个非常重要的因素。一辆车贵 25 美元就可能会从市场上出局。20 世纪 70 年代，Pinto 大批量生产时就是这样的局面（见图 2-8）。当时福特是第二大汽车制造商，而且被认为是值得信赖的选择，所以这款车的销售在几年内都非常好。但是在最初的几年，就报告了多起事故。报告显示，汽车被追尾时会突然着火，哪怕只是被以 32~45 千米 / 时这样低速行驶的汽车追尾。如果速度再快一点点，汽车后部就会被撞瘪，车门也会卡住，着火的时候，司机和乘客就会被困在车内。造成这类事故的原因是油箱及其位置的设计都存在缺陷，已知至少造成了 180 人死亡。

图 2-8
福特 Pinto（Joe Haupt 发布在 Flickr 上的照片）

显然，你未必明白汽车的原理，更别说油箱了。我们强调这个案例，并不是要从设计错误中吸取什么教训，而是要从汽车的生产和销售过程以及决策论据中吸取教训。其实在生产前，厂商就已经知道油箱的位置有问题，但还是生产汽车并且销售出去了。

Pinto 的油箱位于后保险杠正下方的车轴后面。当汽车后方被撞击时，后端就会被挤压，导致油箱被推到汽车的其他位置。这会造成油箱破裂，汽油泄漏。但有时候是加油孔（加油时，插入油枪的位置）破裂，导致汽油溢了出来。挥发的燃油气体弥漫在汽车周围，也会进入车内。这个时候，一个火花就足以引爆汽车，而撞车时金属间的摩擦或者电线短路就会产生火花。雪上加霜的是，车门卡住了，把不幸的乘客锁在了车内。不过汽车工程师和设计师把油箱放在车后方也是事出有因。他们本可以把油箱放在后轴上方，大部分小型车的油箱都是放在这个位置的，但这样的配置会给车辆设计带来工程技术上的挑战，也会影响整辆车的重心。另一个选择是放在车轴上方，但会占用后备厢宝贵的空间。因此，最终他们决定把油箱放在车底靠近后保险杠的位置。

1977 年，*Mother Jones* 杂志上的一篇文章报道了一位工程师对于当时福特工作环境的评论：

> "这家公司是由销售人员掌控的，而不是工程师，因此造型的优先级高于安全。"接着，他讲述了关于福特汽车油箱安全的一个故事。
>
> Lou Tubben 是福特公司最受欢迎的工程师之一。他为人友善，性格外向，同时也很关心安全问题。到 1971 年，他越来越担心油箱的完整性，于是询问老板，是否要准备一场关于油箱安全化设计的分享会。Tubben 和他的老板都曾为 Pinto 工作，而且他俩都很担心 Pinto 的安全问题。他的老板赞成他的想法，并安排了分享会的时间，也邀请了整个公司的工程师和主要生产规划人员参加。但当会议开始的时候，只来了两个人，就是 Lou Tubben 和他的老板。
>
> 这位匿名的福特工程师继续说道："所以你看，福特公司中只有几个人关心防火问题。他们大部分是工程师，不得不研究大量的事故报告，查看烧伤人员的照片。我们很少讨论这个话题，这个话题也不受欢迎。我在产品会议的议程上从没见过安全问题，而且

除了 1956 年的一小段时间，我也不记得在广告中出现过'安全'这个词。我真的认为公司不希望美国的消费者开始过多地考虑安全问题，因为他们害怕消费者会要求安全性，我想。"[5]

你的公司是否也有这样的事？为 Pinto 工作的工程师们尽最大的努力去满足利益相关者的要求，同时也针对设计表达了安全方面的担忧，但是整个公司只关注利益和销量。

1970 年，在 Pinto 投入生产时，大家都知道后方的撞击会引起严重的火灾。到 1972 年，至少做了 6 次碰撞测试，速度从 24~48 千米 / 时不等。一些测试是在当前的设计版本上做的，另一些测试是在改进版设计（增加了一个防撞小零件）上做的。测试表明，改进版设计能有效防止或减少汽油泄漏，也能防止爆炸。这个小零件的成本在 5~11 美元，能明显提高汽车的安全性。因此主管们做了一个成本效益分析。首先，他们估算了修复这个问题的成本：

$$12\,500\,000 \text{ 辆} \times 11 \text{ 美元 / 辆} = 137\,500\,000 \text{ 美元}$$

为了计算这个修复在经济上是否可行，他们必须算出因不修复而产生的费用。他们预估会有 2100 起事故，180 人死亡，180 人严重烧伤。然后，他们根据美国国家公路交通安全局（NHTSA）1972 年的一份报告，得知一条命值多少钱（见图 2-9）。[6] 这份报告认为一条命的价值是 200 000 美元（按照通货膨胀率，到了 2015 年，一条命大概值 1 200 000 美元），严重伤情的平均赔偿额大概是 67 000 美元。基于这些信息，他们计算出了造成伤害后需支付的费用：[7]

$$（180 \text{ 例死亡} \times 200\,000 \text{ 美元 / 例}）+（180 \text{ 例重伤} \times 67\,000 \text{ 美元 / 例}）+（2100 \text{ 辆烧毁的车} \times 700 \text{ 美元 / 辆}）= 49\,530\,000 \text{ 美元}$$

福特预测修复问题的总成本为 1.37 亿美元，而事故的赔偿金总计只有 4953 万美元。结论就是，修复问题的成本远高于支付的赔偿金，因此他们决定不修复问题。

这似乎是个残酷的计算结果。但是为什么一个公司会做出这么一个看似不道德的决定呢？有个学生向著名的诺贝尔经济学奖得主 Milton Friedman 询问了成本效益分析背后的原理。当 Friedman 被问到 Pinto 事件时，他说："如果这些事故的赔偿金是 10 亿美元，那么福特是否就应该把安全模块放进去呢？"他认为，从纯原理的角度来看，福特计算成本的方法是正确的，但他们使用的数字未必是正确的，只是因为当时资料有限，每个公司在做某些决定时必须要给生命定一个价。这就是福特做决策时所用的逻辑，在此之前及之后的很多其他公司也使用这个逻辑做决策。显然，这种简单的思维逻辑很危险。它把人们的痛苦抽象成了一个方程式。一条生命值多少钱？Friedman 的观点是，我们不能说每个人的生命都是无价的，因为如果这样的话，我们在补偿其他的无价生命时，就已经耗尽了资金。

你的命值多少钱？

一场车祸的社会成本构成
（NHTSA 1972年的研究报告）

构成部分	1971年的成本（单位：美元）
未来劳动力损失费	
直接	132 000
间接	41 300
医疗费	
医院部分	700
其他	425
财物损失费	1500
保险管理费	4700
法律相关费用	3000
雇主损失费	1000
受害者人身伤害及精神损害费	10 000
丧葬费	900
资产（预估损失费）	5000
事故的其他各类费用	200
一场车祸的总成本：200 725美元	

图 2-9

你的命值多少钱？专家根据一项历史性事件的研究列出了一个表格，计算了人的生命成本

这种说法虽然没错，但是这种思维方式会让我们自欺欺人，处理数据和做类似决策时心安理得。同样，它也没有考虑到灾难中隐藏的其他成本，比如负面新闻、失去客户的信任，这些都是惨重的代价，但很难计算。福特确定了在商业决策中所需考虑的变量（生命和价值）之后，在整个决策过程中故意忽略了其他变量（情感成本、痛苦、品牌信任、员工压力等）。如果福特公司的这些决策人能意识到客户的生命是神圣的，如果他们有着很强的道德准则，如果他们能听取工程师的话，他们就会继续寻找更多的解决方案。一种选择是让驾驶员选择要不要装那个小零件，这个方案可能有问题，但总好过什么也不说。如果驾驶员想要冒这个风险，那么没关系，什么也不用做。但如果他们对此有些不安，那么可以在买车时多花11美元。

还有个有趣的点，它提供了更好的视角去看待这个问题。在福特决定不解决安全问题后，工程师和设计师又想到了其他解决方法：使用一个塞子，在油箱内使用一个橡皮囊，在螺栓和油箱之间使用一个塑料绝缘体，成本都不到1美元。

即使有了这些更新、更便宜的解决方案，汽车仍然没有改进，依然从生产线上一批一批地下线。最终，有人估算除了24人严重烧伤外，还有180人死亡。[8]事实上，实际数字可能更高，因为这两个数字统计的只是诉讼案件中的伤亡。更糟的是，福特公司还游说议员不要通过汽车安全法案。它将该法案的实施拖延了很多年，这增加了其成本效益分析的感知节约成本。最后，福特的计算结果跟实际有很大出入。诉讼费用远超预期。在一个案例中，福特必须向一名严重烧伤并且毁容的小男孩赔付350万美元，而这起事故中的司机已经死亡了。福特很快开始就各个案件展开庭外和解，并最终被迫召回并修复了150万辆汽车。福特的总裁后来反思说：

> [诉讼]很可能会让公司破产，所以我们闭上嘴什么也没说，就怕说出任何会让陪审团认为我们认罪的内容。胜诉是我们的当务之急，其他事都不重要。当然，我们的沉默也增加了人们对我们公司和汽车的质疑。[9]

从最初的问题开始发散思考

通常，一个看似简单且设置好了变量的成本效益计算公式在实际使用时是会变化的。当面对两难境遇（到底是花费昂贵的维修费，还是承担不作为的后果）时，我们要学会从最初的争论中抽离出来，不要问"我们应该这么做吗""这值得做吗"，而应问"有更好的解决方案吗"。**任何一个问题都不太可能只有一个解决方案**。其他的解决方案只是还没想出来而已。如果福特公司有更高的道德标准并且鼓励员工去寻找解决方案，他们可能会早些找到节约成本的维修方法，并替公司省下更多的钱，维护了公司的声誉，更重要的是挽救了很多人的生命。

案例研究4：航班148

1992 年 1 月 20 日的寒夜，Air Inter 航班 148 由机长 Christian Hecquet 和副机长 Joël Cherubin 驾驶，从法国里昂的圣埃克絮佩里机场起飞。两名机长都是经验丰富的飞行员，总飞行时间超过 12 000 小时。这个飞往德国斯特拉斯堡的快速航班是专为商旅人士开通的。航空公司以其短时快速到达为傲，并且对没有延误的飞行员给予奖励。该航班的机型是空客 A320，可以通过程序控制飞机具体降落在哪一条跑道上，甚至在起飞前就可设定好。那天晚上，当他们快要降落时，控制塔通知飞行员由于天气恶劣，他们需要降落在另外一条跑道上。飞机的自动巡航系统会根据跑道上信标发出的无线电信号提供精确的导航信息。不幸的是，恶劣的天气以及山区地形对这些信号造成了干扰。空中交通指挥员建议他们前往另外一个定位信标。机长同意了，并开始计算新的降落方案，然后在自动巡航系统中重新设置了程序。他计算出了一个正确的平稳降落角度，3.3 度，并输入到了程序中。然后他转了最后一个弯以便对准跑道和信标，调整方向并启动了他设置好的降落程序。飞机放下了起落架，抬起了机翼上的挡流板。一切都按计划进行着，只是有一些校准的小问题，于是他们把注意力都转移到如何修复这些小问题上。突然，云层散开了，他们发现迎面是一座山。几秒后，飞机就撞到了树，最终撞在圣奥蒂勒山附近一个高 826 米（2710 英尺）的山脊上。

那天有 87 人死亡，9 人奇迹般地活了下来，但受了伤。

黑盒子因超出了工作极限而烧焦了，所以调查花了很长时间。但最终调查人员还是从飞机前部其他的记录仪中收集到了数据，包括语音数据。他们发现飞机在转最后一个弯时，突然开始急速下降，大概是平时下降速度的2.5倍。如果没有急速下降，飞机是可以轻松越过那座山的。飞机在撞击前一分钟就开始急速下降了，为什么飞行员没有发现呢？当调查人员发现一个有趣的异常点时，答案揭晓了。我们在录音中听到飞行员说"下降角度3.3度"，但实际的角度却是11度。调查人员还发现，下降过程中的垂直速度是3300英尺／分。下降模式有两种，一种是飞行轨迹角度（FPA）模式，一种是垂直速度（VS）模式。飞行员可以使用任意一种模式，但这两种模式对应不同的单位。当使用下降角度时，需要输入2个数字和1个小数点，比如 -3.3 就代表下降角度3.3度。当使用垂直速度模式时，飞行员需要输入飞机每秒应该下降的英尺数。在这个模式下，-3300英尺／分可以简写成 -33。看看显示效果（见图2-10），两种模式唯一的区别是小数点及其上方显示的小号字母。更糟的是，飞机的驾驶舱里有成百上千个按钮、指示灯、控制装置和数字显示，这就更难注意到这两个数字的显示效果了（见图2-11）。在这起致命事故中，飞行员在输入 -33 前忘了按下模式切换按钮。他也没有看到这个错误，因为这两个数字显示太相似了。

图 2-10
上方：飞行轨迹角度模式；下方：垂直速度模式

图 2-11
空客 320 驾驶舱内显示屏的位置

一旦启动降落程序，就意味着飞机开始俯冲并且加速。飞机只用一分钟就撞上了山。由于云层实在太厚了，飞行员根本看不到前面有山。而且任何一个飞行员都会告诉你，在飞机上，很难分辨飞机是在上升还是下降，是在加速还是减速，尤其是在云层中时。飞行员严重依赖仪器和界面来了解发生了什么。[10] 在这起事故中，驾驶舱设计师明知"模式"会让用户困惑 2，依然决定采用这种设计方法，并且以相似的样式来展示这两个数字（看似是用了不同的方法去适配两位数的显示屏），这两个小决定最终造成了 87 人死亡。发现设计漏洞后，其他同型号飞机的风险也就显而易见了。必须修复这些飞机的问题，才能防止飞行员再犯同样的错误。

模式的替代方案

这是因模式出错的第三个案例了，这并非偶然。这表明这些产品的可用性很糟糕。在界面设计中，**模式**是一种设置。同一个用户输入在不同的设置

注 2：可参考 Jakob Nielsen 的《可用性工程》第 5 章。

下会产生不同的结果。这个定义本身就给出了重要的信号。在现实世界中，相同的输入很少会产生完全不同（有时候甚至是相反）的结果。如 *The Human Interface* 一书的作者 Jef Raskin 所说：

> 模式是界面中很多错误、疑问、不必要的限制以及复杂性的一个重要来源。我的同事 James Winter 博士写道："用 #&%!#$& 来表示咒语绝非偶然。当你在大写锁定模式下输入数字时，打字机就会显示这些乱码。"

Raskin 用简单易懂的语言讲清楚了使用模式的危害。他建议使用"类模式"作为替代方案。类模式是一种状态，为了保持这种状态，用户必须持续做某个物理操作，这样他们就不会忘记自己处于这种模式下。

键盘上的 Shift 键是个很好的例子，只有用户切实按下它，它才会切换模式。Caps Lock 键则不同，用户常常会误按它或者忘记取消它。这个问题太常见了，以至于现在密码输入框旁边会专门加一个"Caps Lock 键检测器"（见图 2-12）。

图 2-12
WordPress 的登录验证。当检测出 Caps Lock 键处于开启状态时，用户会收到一条提示

在飞机上，让飞行员一直按着按钮或者踩着踏板来切换不同的下降模式，这是不现实的，甚至会导致其他事故。在这个案例中，界面应该通过各种反馈方式来说明或突出当前所处的模式。使用触觉和视觉相结合的反馈形式可以解决 Caps Lock 键的问题。而声音和视觉相结合的反馈形式则适用于驾驶舱。有一件事可以确定：（在复杂的操作面板中完全找不到的）一个很小的文本指示是远远不够的。

危情设计

2007 年，Cynthia 为了挽救她最好朋友的生命，连刺了他 11 下。她必须这么做，完全是因为一个设计得非常非常糟糕的产品。这也是她开始对悲剧设计感兴趣的原因。以下是她的故事。

在上大学之前，我花了所有的积蓄跟朋友 Val 和 Fred 一起去中美洲徒步旅行数月。我们踏上了穷游世界的旅程。在危地马拉，为了寻找所有还未被发现的珍品，我们去了里约杜尔塞镇，住在一家很知名的旅馆里。这家旅馆建在河中央，汽车无法到达，只能坐船过去。

那天清晨，吃完早餐后，Val 便去游泳了。几分钟后，Fred 突然感到不舒服。他开始大喘气，我们以为是哮喘，但把我的吸入器给他用后，他并没有什么改善，于是我冲进厨房检查我们早上喝的麦片成分。我马上就发现了麦片中含有杏仁。也许你已经猜到了，Fred 对坚果类食品严重过敏。此时他产生了严重的、危及生命的过敏反应。一个人过敏反应严重时，可能会休克，如果不及时治疗，可能会致命。

幸运的是，他总是随身带着他的肾上腺素注射器。肾上腺素会让呼吸道周围的肌肉放松，让呼吸恢复平稳，以此保住性命。不过这只是暂时有效，注射之后，需要立即就医。Fred 经常告诉我们，如果发生了什么问题，他必须是给自己注射的那个人。这总是让我非常安心，因为我很害怕在朋友的大腿上戳一个大洞。我把他的 Twinject 注射器递给了他，但因为过敏反应加剧，他的双手开始抽搐痉挛，无法拿起注射器给自己扎针。

他把那个奇怪的针管还给了我，我给他注射了第一针，当时我们还在旅店的码头。我知道这针能帮他拖延一些时间，但我们必须马上赶到医院。

漫长的 10 分钟过去了，我们终于坐上了开往临近诊所的船。之后，Fred

需要更多的肾上腺素来保持呼吸，直到抵达医院。谢天谢地，他随身带的Twinject牌注射器有两次的剂量。船开得飞快，我试着给他注射第二针，但是注射器没有反应，于是我又试一次，还是没有反应。

我尽量保持冷静，但我还是没搞懂这个愚蠢的东西该怎么用。于是我不得不去阅读那冗长的操作说明，它缠绕在针管上，一端粘在了管壁上（见图 2-13）。

图 2-13
肾上腺素注射器。缠绕在注射器上的操作说明的正面

我记得自己当时非常崩溃，因为我无法理解这个操作说明到底想让我怎么做。我阅读并且反复执行了所有的步骤，但就是不起作用。我看到药物还在透明的针管中。别无选择了，我只能用注射器对着 Fred 的大腿乱刺。在刺了 11 下之后，不知怎么就起作用了。直到今天，我也不确定为什么，我觉得我只是乱刺时把针管弄坏了。

几分钟后，我们到了城里，Fred 得到了及时且充分的治疗。几小时后，我们离开了医院。Fred 有些许颤抖，他大腿上有严重的淤青（因为被我刺伤了），他也很疲惫，但他活下来了。结果本可以不一样的……但因为一系列糟糕的设计决策，出了大乱子。

我现在知道使用方法了，因为我在 YouTube 上搜索了一下，原来我只需要把针管后面的黄色小片拿掉（见图 2-14）。事后看来，这很简单。我猜这种情况时有发生。我怎么就没看见这么简单的一个说明呢？想象这样一个画面：我们又小又不稳的船开得非常快，一路颠簸，我的头发在风中乱飞，打在脸上。船上还有两名游客，他们被吓哭了，完全不知道发生了什么。船夫一直用西班牙语对我大喊大叫，那时候我还不懂西班牙语。除此之外，我还听到 Fred 喘息着请求其中一名吓哭的游客握住他的手。

取下黄色卡环

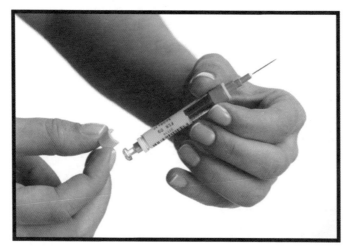

图 2-14
需要取下黄色卡环才能注射第二针

不知道为什么，我找不到黄色卡环。也许是因为它是黄色的（适合这个卡环的第二种颜色），而我很着急，匆匆看完说明，没注意到这个黄色卡环。也许是因为这个黄色卡环出现在说明书背面的第 9 步中，还是用非常小的字号写的，而且说明书被风吹得翻飞。也许是因为我在阅读说明的时候，还需要安抚我的朋友，还需要与尝试给我指导的西班牙船夫对话。也许是因为我认为这个塑料部分只是一个设计装饰。也许是因为在如此紧张的情况下，我已经吓蒙了，完全没法看懂这个复杂的说明书。

如果我想要拯救他人的生命，我会选择另外一种职业。我可以当警察、医生、护士或护理人员，而不是一名用户体验设计师。至少，在那天之前我是这么想的。

以前，每次讲这个故事的时候，我都觉得我需要找个理由去解释自己为什么没能按照说明书进行操作。仿佛我需要说服每个人，我不是天生愚笨，我不像电视购物节目中那些演员一样不会剥鸡蛋，不会用开瓶器。但是当研究这个问题时，我很快意识到问题不在于我。该注射器的一项使用研究表明：有一半的使用者在使用 EpiPen 或 Twinject 注射器时，都发生过无法顺利使用甚至是受伤的情况。[3]

如果一半的使用者都发生过误操作，那我们就可以说这个产品有问题。在注射器的案例中，可以通过优化设计来解决这个问题。比如，让卡环的用途更加明显，保证操作说明简单明了（用图来说明复杂的步骤），并使用大号字体，这些都会对我有所帮助。

自此之后，Twinject 的双份剂量注射器就不再生产了。新一代的肾上腺素注射器使用预录的语音来指导病人如何使用。有一份研究比较了四种注射器的可用性和病人偏好，结果表明，带语音的注射器的操作错误率明显降低了，也更受病人青睐。[4] 美学在这些产品的设计中也起着很大的作用。有一份研究指出了注射器外观和大小的重要性，如果是"武器"一般的外形就会降低随身携带的可能性。[5] 实际上，如果注射器的造型更吸引人，也许还能挽救更多的生命，是不是很让人激动呢？

注 3： Guerlain S., L. Wang, and A. Hugine. "Intelliject's Novel Epinephrine Autoinjector: Sharps Injury Prevention Validation and Comparable Analysis with EpiPen and Twinject." Annals of Allergy, Asthma & Immunology 105 (December 2010): 480–484. doi:10.1016/j.anai.2010.09.028

注 4： Guerlain, Stephanie, Akilah Hugine, and Lu Wang. "A Comparison of 4 Epinephrine Autoinjector Delivery Systems: Usability and Patient Preference." Annals of Allergy, Asthma & Immunology 104:2 (2010): 172–177. doi:10.1016/j.anai.2009.11.023
Camargo, C. A. Jr., A. Guana, S. Wang, and F. E. Simons. "Auvi-Q Versus EpiPen: Preferences of Adults, Caregivers, and Children." Journal of Allergy and Clinical Immunology: In Practice 1:3 (2013): 266–272. doi:10.1016/j.jaip.2013.02.004

注 5： Money, A. G., J. Barnett, J. Kuljis, and J. Lucas. "Patient Perceptions of Epinephrine Auto-Injectors: Exploring Barriers to Use." Scandinavian Journal of Caring Sciences 27:2 (2013): 335–344. doi:10.1111/j.1471-6712.2012.01045.x

---

故障树分析法

为有潜在风险的场景设计时，我们可以从其他领域借用一些工具来帮助降低风险。故障树分析法就是其中之一。航空航天、核电、化工、医药行业都会用到这种方法，它能帮助我们理解系统为什么会失败。它能找到一系列有潜在危险的情况，以及所有造成这些结果的因素。另外，它也能用作诊断工具，有助于创建一本用户手册。故障树有一些标准，比如 IEC 61025，但是我们给设计师推荐一种更合适的简化方法。这个概念非常简单：从一个不良结果开始，追溯每件可能导致这个结果发生的事情。我们使用 Cynthia 故事中的双份剂量注射器来解释故障树方法（见图 2-15）。其中一个不良结果是：

（1）病人在就医路上因过敏性反应而奄奄一息了。

注意，我们总是从最糟糕的结果开始分析，然后反推并确定可能发生的事情：

（1.1）第一次注射失败
（1.2）第二次注射失败

顺着 1.1 往下，我们认为可能是以下原因导致了事故的发生。我们将它们按照失败的可能性顺序列出来：

（1.1.1）病人把针扎在了手上而不是腿上
（1.1.2）注射器坏了
（1.1.3）药物因过期而失效了
（1.1.4）病人因身体状况无法使用仪器
（1.1.5）病人弄掉了注射器，并且没法拿回来

然后我们分析已有的、能防止这些发生的安全措施：

（1.1.1.A）病人没看到"向上"二字
（1.1.1.B）病人没有注意到蓝色一端应该是指向天空的

在这个相当简单的案例中，我们发现其所有的安全措施都是视觉层面的。我们建议使用另一种感官层面的安全措施。比如，设计注射器针管的形状，让病人无须思考即知道该怎么手持。（怎么做？想想锯子或刀的把手，绝不会有人拿反。）接着我们可以拓展一下 1.1.2 等其他分支。

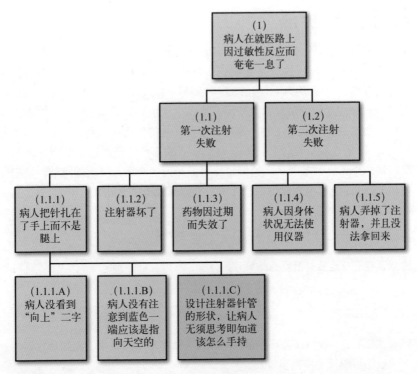

图 2–15

肾上腺素注射器的故障树分析。这个简化版故障树分析图有助于提出能减低伤害风险的设计需求

我们可以从不同的领域借用各种风险分析工具。其他有趣的工具包括根本原因分析（RCA）和因果分析法（WBA）。这两种方法可能更适合作为事后分析工具，从已发生的事故中吸取经验教训。

总结

做正确的事，首先要把用户放在第一位，追求道德高尚，其次才是担忧成本问题，这样的企业文化对公司非常有利。苹果公司就是一个很好的例子。乔布斯（前苹果公司 CEO）曾说过一句名言："你必须从用户体验出发，然后再回到用户体验。"在生产 iPod 的时候，苹果公司提供了前所未有的用户体验：发货前为每一台设备都充好电，在包装上花费更多的钱，甚至盒子内部也给抛光了。所有这些都是需要花钱的，但用户能够感受到商品制造中的良苦用心。另外一个例子是特斯拉公司的 Model S 车型。2011 年，美国国家公路交通安全局提出了更加严格的汽车安全标准。特斯拉作为一家全新的汽车制造商，还有很多东西要学。原本他们生产的汽车只要能通过所有测试，并拿到"每项 5 星"的批准印章就行了。但是他们制造出了一台有史以来测试最安全的汽车，获得了 5.4 分的成绩，在各项测试中都比第二名的得分高出了一倍。[11] 这显示了他们对用户以及对自己工艺的承诺和投入。对于一家新公司来说，他们承受着巨大的压力，他们得让投资者获利。

当选择忽略自己的设计或产品中的不足之处时，我们总会为自己找到借口。我们会先做一些简单的算术，然后说我们没有足够的资源去做优化了。但我们应该挑战自己去优化这些算式，尤其是有造成身体伤害的风险时。我们对那些把生命交到我们手里的人负有责任，因此我们应该时刻感受到来自这份责任的压力。我们应该视这些人的生命为自己所爱之人的生命，甚至是自己的生命。

重要结论

(1) 糟糕的设计会造成身体上的伤害，甚至是死亡。"轻微受伤"这种表达方式应该谨慎使用，因为这种表达方式往往会淡化事故的严重性。

(2) 造成伤害不一定是因为用户粗心大意，可能是因为产品糟糕的设计流程，以及缺少可用性标准或用户测试。

(3)（定量）指标处于同理心的对立面。定量指标去除了人类的人格特点和个性特点。

(4) 大多数涉及复杂技术的事故是由多种因素（组织、管理、技术甚至是政治因素）共同导致的。所有软件，哪怕是设计得非常完美，也会在某种情况下表现得出乎意料。

(5) 对于医疗软件的界面，在尽可能真实的场景中用真实的用户进行测试是最理想的。

(6) 当面对两难境遇（到底是花费昂贵的维修费，还是承担不作为的后果）时，我们要学会从最初的争论中抽离出来，不要问"我们应该这么做吗""这值得做吗"，而应问"有更好的解决方案吗"。任何一个问题都不太可能只有一个解决方案。

(7) 在用户界面上使用模式是个很糟糕的设计策略。相反，应该使用类模式，迫使用户持续做某个物理操作，以维持某个状态。这样，他们就不会忘记自己处于那个状态中。如果类模式不合适的话，提供尽可能多的反馈类型：颜色、指示灯、声音、触觉等。

对 Aaron Sklar 的访谈

接下来是一段对 Aaron Sklar 的访谈。Aaron Sklar 是 Healthagen 公司体验战略和设计部门的总经理，也是前 IDEO 设计师。

1. 你如何看待影响医疗的糟糕设计？

在医疗行业，在设计过程中没有考虑使用者（医生或病人）的产品和服务不胜枚举。很多突破性的临床技术大大改善了病人的健康状况，但其中没几个仔细地思考了用户体验。医生的工作会被这些侵扰性的电子工具打乱。这些工具提供了功能性服务，但也会让医生的工作变得更费力，更没成就感。类似地，大部分标着"病人参与"的工具通常会让病人失去被关心和被理解的机会。

2. 你是如何帮助解决这个问题的？

我一次又一次地发现，我们设计团队为医疗工具所做的贡献受到了认可。我专门发布了一个网站，叫"为设计开药方"（Prescribe Design），来祝贺那些给医疗行业带来改变的设计师，同时让更多人知道医疗行业中的用户体验。

3. 你是怎样开始为医疗领域做设计的？

我职业生涯的大部分时间都在做医疗设计。设计可以为医疗的许多方面带来很大的不同，作为一名设计师，这对我来说一直是个很吸引人的机会。

4. 你认为设计将如何改变医疗领域？

设计师的超能力就是同理心和原型设计。这两项能力都需要学习——了解用户的需求，通过实验和试验去学习，再通过迭代和探索找到解决方案。

5. 设计师如何能帮上忙呢？

"为设计开药方"网站总结了医疗设计的 12 项主要挑战。针对每一项挑战，我们都举例说明了设计师是如何发挥他们的作用的。

设计挑战 1："人们应该感知到被理解和关爱。"

设计挑战 5："家庭护理提供者应该被视为护理团队中可靠的一员。"

设计挑战 7:"临床医生应该从工作中获得满足感,并得到他们所需要的支持。"

6. 你如何避免设计出会伤害他人的产品?

在大规模介入市场前,小规模试点及原型测试是很重要的。显然,任何人的健康都是不可以拿来冒险的。先进行模拟和小规模的原型测试,这样我们就可以了解和发现一些意想不到的后果。

7. 那大概是怎么做的呢?在真正的病人身上试验之前,你是怎么模拟用户行为的?

这并没有标准答案,小规模试点的一种做法是选择一小部分人进行试验。根据介入市场的类型不同,可能是找一家小诊所,在其病人身上试验,或者是一组病情不太严重的病人。

8. 你认为技术的作用是什么?

优秀的技术一般都不会让人注意到,它在幕后服务,而不是人们能感知到的那种"英雄"。它能帮助人们更快、更简单地完成工作,让人们能够创造更人性化的互动。

9. 医疗设计中最大的挑战是什么?

医疗设计中存在系统性的挑战。金融系统和政治系统使得健康服务和健康工具的交付变得非常复杂。一个看似异常简单的修复,在执行时往往因为背后复杂的系统而困难重重。

10. 在让世界变得更美好的过程中,设计扮演什么角色呢?

当人们了解到有人选择了产品或服务的样子,他们就开始认识到我们也可以改变事物本身。设计师天性乐观。

11. 为了避免造成伤害,设计师可以在设计流程中增加什么环节?

建立一支能够代表利益相关者并能从他们那里获得信息的团队。设计驱动的解决方案可能会忽略医疗现实。医生驱动的解决方案可能会忽略实施的成本。病人驱动的解决方案可能会忽略系统的复杂性。将这些利益相关者的想法结合在一起,我们就能得出一个可行的解决方案。

12. 当利益相关者之间有冲突时,你是如何平衡他们的需求的?

当利益相关者之间有争执时,设计师通常扮演着协调人/召集人的角色——同理心和原型设计有助于达成一致和形成共识。

参考文献

[1] Brashears, Matthew E. Humans Use Compression Heuristics to Improve the Recall of Social Networks [R]. Scientific Reports 3 (2013): 1513–0151. doi:10.1038/srep01513.

[2] NAVspeak Glossary [EB/OL], Usna.org.

[3] Rose, Barbara Wade. Fatal Dose: Radiation Deaths Linked to AECL Computer Errors [EB/OL]. CCNR, June 1994.

[4] Financial Services Commission of Ontario. Minor Injury Guideline [EB/OL]. Superintendent's Guideline No. 01/14, February 2014,

[5] Dowie, Mark. Pinto Madness [EB/OL]. Mother Jones (September/October 1977): 18–32.

[6] Birsch, Douglas, and John Fielder (eds.). The Ford Pinto Case: A Study in Applied Ethics, Business, and Technology [M]. Albany, NY: State University of New York Press, 1994.

[7] Grush, E. S., and C. S. Saunby. Fatalities Associated with Crash Induced Fuel Leakage and Fires [C/OL]. Internal Ford memo.

[8] Wojdyla, Ben. The Top Automotive Engineering Failures: The Ford Pinto Fuel Tanks [EB/OL]. Popular Mechanics, May 20, 2011.

[9] Iacocca, Lee, and Sonny Kleinfield. Talking Straight [M]. Toronto: Bantam Books, 1988.

[10] Johnson, Eric N., and Amy R. Pritchett. Experimental Study of Vertical Flight Path Mode Awareness [EB/OL]. International Center for Air Transportation, March 1995.

[11] Bartlett, Jeff. Tesla Model S Aces Government Crash Test [R/OL]. Consumer Reports, August 21, 2013.

第 3 章

激怒用户

在对用户造成的伤害类型中，情感伤害是最常见的一种，而且往往很难察觉。这类伤痛无法从表面上看出，处理方式也因人而异。我们没在报纸上看到过"有 34 个用户对界面的一处改动表达了愤怒之情"这类文字，但听到过很多手机爆炸炸伤用户的新闻。设计造成伤痛的方式有很多种，对用户的影响可轻可重，轻微的只是觉得不太舒服，严重的会是痛彻心扉、怅然若失甚至抑郁消沉。我们的产品和设计可能会让人产生各种负面情感，不过其中最熟悉的莫过于挫折感了。为什么呢？因为我们知道，用户受挫就意味着流失客户、对产品的批评，以及收益降低。公司往往重点关注将不满意的用户转变为满意的用户，但将用户划分为满意和不满意两种，这种做法缺乏诚意，过于简单。通常，我们只是把不满意的用户当作需要修理的"次品"来处理，但我们何时才能停下来多花些时间去认真考虑一下他们的感受呢？

在本章中，我们将探究为什么某些设计决策会激怒用户，以及它们是如何激怒用户的。设计决策激怒用户的原因有很多，不过我们将聚焦于两大元凶：无礼技术和黑暗模式。

为什么应该关心情感呢

首先，为什么要关心不同的情感呢？研究表明，相比良好的体验，糟糕的体验更容易影响用户。[1] 所以，要是希望用户开心且乐于为产品付费，最好花些时间去避免或改善这些糟糕的体验。情感伤害对用户有着实际的影响，绝不是一封邮件、一通电话或者 Twitter 上的一条官方回复就可以补救的。在商户点评网站 Yelp 上就能看出这一点。即便一家餐厅的食物和环境都超棒，但只要服务糟糕，很多用户就会给餐厅打一颗星。所以我们要重视情感伤害。

在所有情感中，**愤怒**是最容易察觉的，因为它通常会引起一些可见的反应。了解什么导致了用户受挫是很重要的。对疼痛和伤害的自然反应就是愤怒，这也是人类的天性。当察觉到用户有受伤的危险时（无论对错），采取愤怒应对机制有助于确保用户得到保护。我们可以采取很多方法来防止因体验太差而引起愤怒。最简单的一种方法就是确保你的设计是有礼貌的。

提议将礼貌作为解决愤怒的方法，这听起来有点愚蠢。但礼貌能让处于同一境况下的双方建立良好的关系，也会缩小双方背景的差异。另外，礼貌也能强化人机关系。Brian Whitworth 和 Adnan Ahmad 在 *The Social Design of Technical Systems: Building Technologies for Communities*（《技术系统中的社交设计：为社群构建技术》）一书中提到：

> 正如"人机交互"（HCI）这个专有名词所暗示的，软件凭其做选择的能力，跨越了冰冷机器和社会参与者之间的分界线。今天的计算机不再只是被动响应指令的工具，而已经是那些网络用户自身权益的社会代理人了。如果锤子砸伤了我的手指，我会怪罪自己而不是锤子，但人们经常会把用户所犯的错怪罪到机器程序上。

无礼技术的特点

我们来探究一下是什么导致了技术的无礼，可以使用哪些设计解决方案来保证技术的有礼性。

无礼技术是自私的

只要有展示机会就出现一次，这也许是无礼技术最明显的一个特点了。在现实生活中，在聊自身情况之前，先询问一下对方的情况，这才是有礼貌的行为。这也同样适用于软件世界。一个工具应该时刻把用户的需求放在自身需求之前。任何会让用户转移当前注意力的软件都自动被认为是无礼的。

Xbox频繁的更新

每隔一段时间,在 Xbox 开机后,用户就必须等待软件更新。更新是强制性的,甚至出现在主界面之前。更新安装包可能很大,需要花很长时间下载及安装。系统不仅是在用户玩游戏前检查更新,而且如果用户很着急或不想立即安装,系统也不会提供任何跳过更新或者稍后更新的选项。用户只能选择更新或关闭设备(见图 3-1)。Xbox 可能认为更新对用户是有帮助的并且很重要,但通常这些更新并不是急需的。

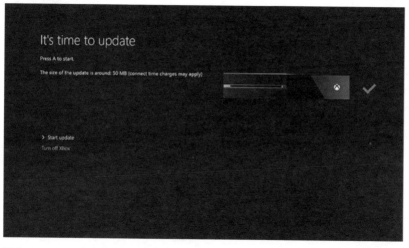

图 3-1

在用户做他们想做的事之前,Xbox 的更新画面就出现了,并且不让他们选择稍后安装

Google日历的事件提醒

如果用户对一个即将开始的事件设置了提醒,同时浏览器的标签页中打开了 Google 日历,那么 Google 日历就会弹出一个窗口,需要用户主动关闭(见图 3-2)。它会影响用户在当前标签页的注意力,这是相当恼人的。在工作环境中,人们通常每天有好几个会议,而 Google 日历影响了用户在当前工作上的注意力,实际上就是干扰了他的工作。有些研究表明,人的思维一旦被打断,就需要花长达 23 分钟的时间才能恢复状态。[2] 我们知道,

Google 日历试图帮助用户，但更有礼貌的设计应该是一个不需要处理并且不打扰当前工作的通知消息。

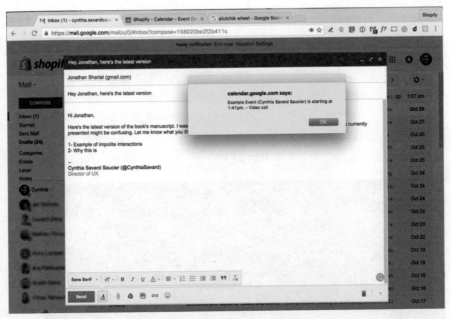

图 3-2
Google 日历影响了用户在当前标签页的注意力，还需要用户手动关闭这个提示弹窗

无礼技术很懒惰

无礼技术需要用户付出不必要的努力，却没有为用户提供任何价值。软件很擅长记忆地点、设置、偏好等，这一点与人脑正相反。软件应当利用这个优势去造福用户，减轻他们的负担。

例如，许多手机应用需要用户授予某些权限方可使用，如允许使用手机的录音或照相功能。我们经常遇到这样一个对话框：它只是告诉用户需要到设置中修改权限。为什么用户得去找修改这个设置的地方？为什么要让用户去做所有这些工作？这些琐事应当由软件去完成，而不是用户。它们不仅增加了无用的认知负担，而且浪费了用户的时间。手机应用应该始终链接到设置中的正确位置。iPhone 上的 Facebook Messenger 在这一点上就做得很好（见图 3-3）。

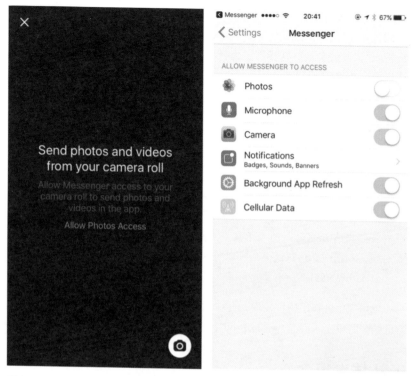

图 3-3

Facebook Messenger 的使用权限对话框。当请求使用 iPhone 的照相功能时，应用直接链接到了正确的位置，让用户更易操作

以下是另一个关于懒惰的案例。

自助结账机

自从 20 世纪 90 年代发明至今，自助结账机变得越来越流行。其背后的想法很简单。如果顾客自己可以扫描物品并结账，把收银员的工作都做了，那零售商就可以省下一批员工的工资了。零售商和自助结账机的供应商往往都否认这种说法，相反，他们声称这些机器会让用户主动参与进来，并且加快了结账的速度。但 CBC 的一名记者进行了测试，结果表明，顾客在自助结账时不仅花费了更长时间，而且犯了更多的错误。他写道：

> 收银员会让整个交易更快、错误更少。有一位顾客因自助结账机
> 上的错误编码而花 70 美元买了 10 个抱子甘蓝。[3]

这些机器不仅花费顾客更多的时间，而且很粗鲁，不断大声播放着没人情味的操作说明。如果收银员反复大喊"装袋区有不明物体"或"拿走你的银行卡"，他就会被顾客投诉。**为什么我们无法接受人类的无礼行为，却允许机器无礼呢？**

最后，就像大多数无礼的服务一样，这项技术最终也没给使用它的公司带来任何利益。自助结账机非常糟糕，以至于杂货店最后都亏钱了。英国莱斯特大学的两位犯罪学家做了一项研究[4]，从中我们了解到，在美国及一些欧洲国家，自助结账机造成了大约4%的经济损失。这是灾难性的，因为普通杂货店的平均利润率也就是3%。损失的主要原因是偷窃，通常是由于用户受挫才引起的：

> 虽然只有五分之一的人承认在自助结账时偷窃了商品，但结果表明，人们一旦意识到他们可以随意拿走商品，就会成为惯偷。大多数人承认他们第一次拿走商品是因为他们不知道怎么使用机器。[5]

另一项研究也证实了这些发现。在被调查的人群中，有近20%的顾客承认在自助结账时偷走了商品，这其中60%的人说是因为他们无法扫描商品。[6]

无礼技术很贪心

无礼技术是自私的，会抢占设备有限的资源，就如同无礼的晚餐客人直接扑向奶酪盘，一点也没给公司其他人留。

这种贪心的技术在后台持续运行，抢占各种资源（数据、带宽、RAM、设备空间等）。它们有时会自动播放音乐或者广告，有时候进行大量下载和上传，使得网络／计算机很卡，而用户完全不知道后台在运行什么程序。

iTunes的静默下载

苹果公司的媒体库 iTunes 会悄悄下载在其他苹果设备上购买的内容。比如，你在 Apple TV 上购买了一部高清电影，iTunes 会试着在你的苹果笔记本计算机上也下载一份。这个想法是好的，但这个下载不应该影响其他运行中的软件。很明显，这是一个可以关闭的设置，但需要用户自己去修改。首先，他们需要弄清楚是 iTunes 造成了网络连接变慢；其次，他们要找到这个设置并且修改它。

每一次的更新、同步和下载都应该在空闲时间进行，除非用户有意识地选择在繁忙时进行。

无礼技术是个"人来疯"

无礼技术如同三岁小孩，它会随时打断用户，通知及询问一些事情。如今，我们浏览的所有网站几乎都呼喊着："订阅我们的电子邮件！"但遗憾的是，我们还没浏览网站的内容，不知是否有兴趣订阅，这些文字就出现了。当我们在工作时，应用程序突然询问："你想投票吗？"当我们浏览购物网站挑选商品时，突然会出现弹窗："你被选中回答问卷。"需要更多例子吗？如果我们看到孩子有这样的行为，肯定会训斥他们，但技术有这样的行为，我们却盲目地接受了。

案例分析：微软Office助手

臭名昭著的 Office 助手就是无礼软件的一个例子，它也被称为"大眼夹"（Clippy），Windows 97 的 Office 软件引入了该功能。"大眼夹"使得用户界面智能化了，它能帮助用户完成各种任务。比如，当用户在文档中输入了文字"亲爱的"，"大眼夹"就会蹦出来，帮助用户写一封格式正确的书信（见图 3-4）。尽管在设计"大眼夹"之前，其能干的开发团队对计算机技术的社会反响进行了可靠的调研，并且做了大量的用户测试，但这个功能还是彻底失败了。它非常不受欢迎，以至于微软在销售 Office XP 时，官网宣传的卖点就是取消了这个功能（见图 3-5）。

这项技术之所以被这么多人厌恶，原因有很多。简单地说，就是它太无礼了。首先，无论用户在完成什么任务，它都会自动出现，且每次都要引起用户的注意。当用户编辑文档时，它会突然跳出来帮忙，这会干扰用户的思路。其次，它不尊重用户的偏好。反复隐藏它并不会使其消停，即使用户在 Word 文档中将其设置为永久隐藏，但一旦打开其他的 Office 程序，它还是会再次蹦出来。最后，这个 Office 助手只是优化了首次使用的体验。第一次使用时，你可能会觉得它很有意思，但之后你就会很失望。它不断地问用户同样的问题，就好像用户阅读一次无法理解一样。

图 3-4
"大眼夹"，微软 Word 中的 Office 助手

图 3-5
微软（大约 2001 年）的主页。微软将"大眼夹"的终结作为 Office XP 的销售宣传点

这一切的关键是想象一下，如果用户是与真人打交道而不是和界面打交道，他们会是什么感受。这样的对话是否合适？反复问这些问题是否很可笑？Google 做了一个非常有意思的商业广告，叫作《Google 分析——现实生活版》，其中演示了如果在现实生活中采用电商结账的方式，会是什么样的用户体验。片中的所有交互在许多网站界面上都很常见，比如要记得自己的用户名，识别验证码，以及处理复杂的插件。但把同样的体验搬到现实生活中（在 Google 商业广告中是顾客去超市买面包），就会明显感觉到荒谬和不礼貌，而这在数字化体验中很常见。所以，下一次设计这类界面时，扪心自问：“如果用户是和真人对话，会是什么样子？”

有礼技术

相比之下，有礼貌的软件会做以下这些事。

1. 请求用户允许后再执行操作

这一项很简单，但不进行请求仍然是用户最常抱怨的问题之一。在运行更新程序、追踪使用情况、共享用户信息、设置默认项之前，应用或软件应该用简单明了的语言来请求用户的允许。避免使用双重否定句迷惑用户（“如果你不想要的话，不要勾选……”）。在未经用户同意的情况下就进行操作，即使是对用户有好处的操作，也是无礼的，而且接近于黑暗模式所做的危险之事（本章后面会讨论黑暗模式）。Chrome 就是一个很好的例子，即便是一些对用户有利的操作，它也会请求用户的允许后再执行。在第一次安装时，它会征得用户同意，再把崩溃报告以及使用情况的统计信息发送给 Google（见图 3-6）。

2. 提供其他备选方案

告知用户软件将执行一个操作，这是一种好的做法。然而，只是告知还不够，你的对话框应该可以让用户选择是否执行这个操作。最常见的只告知但不提供替代方案的操作就是程序的更新操作了。当有更新时，用户往往不能暂缓更新操作，这就妨碍了用户去完成最初想做的事情。如果更新是安全和性能目的所必需的，应该为用户提供稍后执行的备选方案，比如在夜间执行（见图 3-7）。

图 3-6
Chrome 请求用户允许发送崩溃报告的界面截图。在第一次安装时, 它会请求用户的允许, 将崩溃报告和使用情况的统计信息发送给 Google

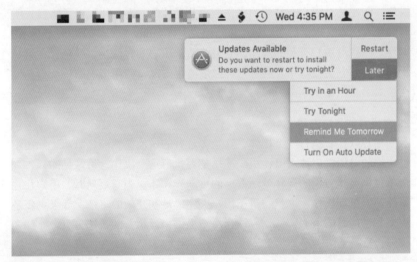

图 3-7
App Store 的更新提醒。这个提醒允许用户在更合适的时间段更新应用

3. 解释所有的选项和设置

所有可能的选项和设置不仅要清楚明了，而且应该为用户提供充分的信息，让他们能够做出正确的选择（见图 3-8）。

图 3-8
QuickBooks 在线设置页。有些字段有额外的文字，能帮助用户做出正确的选择

4. 在可能的情况下预测用户的需求

在餐馆，如果服务员能主动给客人续水而无须客人要求，这就是非常有礼貌的行为。这同样适用于设计。比如，如果网站能为不同国家的消费者提供不同的语言和汇率，他们会非常感激。再比如搜索引擎 Google 的"你的意思是"功能，如果你输入的是常用搜索关键词，但存在拼写错误，它会自动提供与正确的拼写相对应的搜索结果（见图 3-9）。

图 3-9
Google 搜索的"你的意思是"功能。当你输入一个有拼写错误的常用搜索关键词时，搜索引擎会自动提供与正确的拼写相对应的搜索结果

5. 尊重（并记住）用户的决定

预测用户需求和迫使用户做决定完全是两码事。举个例子，如果加拿大用户浏览一个美国购物网站，为他们提供加拿大货币的选项或者引导他们访问加拿大版网站（如果有的话），这样会很方便也很有礼貌。但如果用户

拒绝了，那么当他们跳转到下一个页面或者下一次访问网站时，网站就不要再提示用户了。另外，技术应该相信用户做的每个决定都是经过深思熟虑的。针对每个操作都询问两次无疑是在烦扰用户。除非用户的操作会产生无法逆转的结果，否则技术就应该相信用户知道他们自己在做什么。Amazon.com 在这一点上就做得很好：当加拿大用户第一次访问网站时，用弹窗提示他们可以去加拿大版网站购物，并且还注明这个提示会再出现几次，除非勾选了"Do not show me this again."（不再提示）（见图 3-10）。

图 3-10
Amazon.com 的弹窗"Shopping from Canada?"（加拿大用户？）。弹窗指出了这条消息还会出现几次，除非勾选了"Do not show me this again."（不再提示）

6. 注意用词和语气

遇到"你确定不保存就退出吗？"这一问题时，几乎不可能不以一种家长的口吻来读这句话（"你**确定**不保存就退出吗？"）。在有帮助的指示和傲慢的指示之间很难找到一个平衡点。如果指示听起来像是一个成年人对未成年人说的话，那么就要重新考虑一下语气了。指示中应少用第二人称，以免听起来过于傲慢。可以直接称呼用户，但同一个句子中不要出现两个"你"。在其他一些使用第二人称单数显得非常不正式的语言中，这一点可能更加重要。无论你的动机是什么，在提供建议或帮助之前都要请求别人的允许。未经允许便提供帮助会给人一种傲慢感和优越感。如果你非得不请求就介入的话，就提前给出关键理由（见图 3-11）。另外，要从用户的角度来考虑如何帮助他们。**不要以你想要的方式去对待他们，要以他们想要的方式去对待他们。**

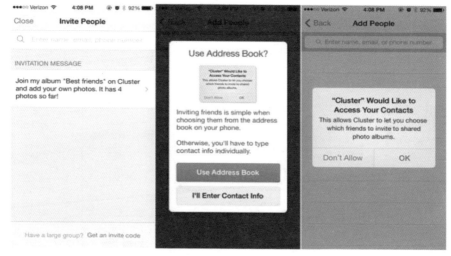

图 3-11
Cluster 的新手引导。在请求权限前，用户会被先告知为什么需要这个使用权限

7. 额外提示：必要时假装礼貌

事实证明，即使是假装礼貌也很管用。研究人员发现，在猜词游戏中，如果用户猜错时，系统显示的是"很抱歉这条线索没能帮到你"而不是"回答错误"的话，那么用户会更喜欢这个游戏。[7] **把错误归咎于当时的情形而不是用户**，这是个很好的做法。此外，在用户取消订阅之后，采用"对你的离开我们表示很遗憾"这种表述也很好。请记住，文案不应该让人产生负罪感。所以，把它放在用户操作（比如取消订阅）之后要比放在用户做决定前更有礼貌。MailChimp 的登录界面就是个很好的例子，它把责任归咎于当时的情形而不是用户（见图 3-12）。

图 3-12
MailChimp 的密码错误提示。提示表示它们对密码错误这件事很"抱歉",这是常见的"密码错误,再试一次"的礼貌版

黑暗模式

有时我们的设计会让用户非常恼火。当他们试图取消服务或退订营销邮件时,我们会千方百计地阻挠他们,或者让他们很难找到所需的内容。登录政府网站或填写保险公司在线表格时,任何人都有过想要大喊大叫,把手机扔向沙发或地板的经历吧。孤立地看时,这些小的瞬间都无关痛痒,但组合在一起(想想用户花在熟悉技术上的时间)就会让人心力交瘁。虽然大多数情况下导致用户失望的原因是设计师不了解良好的设计原则,但有些东西是故意设计得很复杂的。用户体验社群将这些糟糕的冒犯型设计模式定义为"黑暗模式",这个术语是由 Harry Brignull 创造的。他是这样描述黑暗模式的:

黑暗模式是一个精心设计的界面，会诱导用户去做他们原本可能不会做的事情，比如购物时购买保险或者选择周期性续订。通常，当想到"糟糕的设计"时，你会认为设计师只是太马虎了或者太懒了，但并没什么坏心眼。但黑暗模式并不是错误，而是在充分了解人类心理学的情况下精心设计的，并且完全不考虑用户的利益。[8]

当公司不惜牺牲用户需求来满足业务需求时，就会发生这种情况。有时黑暗模式还会被包装成"增长黑客"的方案，它们无处不在，甚至最优秀的公司都在使用。即使你在工作中没碰到过这种设计需求，也一定以用户身份碰到过黑暗模式。黑暗模式有很多不同的类型，我们选择了最常见的几类在本书中分析一下。

1. 诱饵调包

诱饵调包式的黑暗模式是指用户同意了某事时，却发生了另一件（不希望发生的）事。"诱饵调包"这个名字来自于一种诈骗伎俩：零售商做广告说某个商品价格很优惠，但当顾客去买的时候，却发现该商品卖完了或者商品的质量很糟糕。这通常是违法的。

类似的例子还有很多。一个非常常见的例子就是想要用户在 iTunes 上给好评的 iPhone 应用。它们不会简单地问"你想评价一下我们的应用吗"，而是会把该操作隐藏在其他问题下，比如问"你是不是喜欢纸杯蛋糕"。如果用户选择了"是"，那么页面就会自动跳转到 iTunes 让用户去给应用写评论。另一个常见的例子是网站希望用户订阅他们的营销邮件。网站会问："你想要折扣码吗？"如果用户提供了电子邮箱地址，就自动订阅了网站的电子邮件而不是获得一个折扣码。这引诱用户泄露了个人信息。

微软最近因自动升级弹窗上的一个改动而上了新闻。在之前的版本中，当用户点击关闭按钮（弹窗右上角红色的"×"）时，弹窗就会关闭。到了新版中，点击这个按钮意味着**同意**预设好的升级计划而不是拒绝（见图3-13）。BBC 专门写了一篇关于这个黑暗模式的文章，其中指出"这个设计给用户造成了困扰，因为点击"×"按钮通常会关闭弹窗"。[9] 没开玩笑！这一点太明显了，不需要为此写一篇文章。

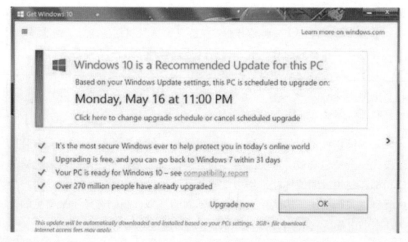

图 3-13

微软 Windows 10 升级弹窗。点击"×"就意味着同意预设好的升级计划而不是关闭弹窗

如果你发现你的公司正在使用这种方法,其实可以采用许多创新且有效的方法来开诚布公、令人信服。首先,试着和优秀的文案人员一起工作。要有创意,但不要隐藏任何后续步骤。使用一些鼓舞人心的言语去引导用户操作是可以的,但要确保用户知道下一步操作是什么。比如,一个家装应用的"获得灵感"按钮,在用户点击后会呈现其他用户上传的家装图片集,这是完全可以接受的。但如果点击"获得灵感"按钮会自动下载应用,那么就完全不能接受了。

2. 虚假内容

这种策略在传统营销中已经运用很久了。它通常被称为"原生广告",即广告被伪装成了内容的形式,并且**没有任何恰当的说明**。这在网站上越来越常见,以至于我们发现用户渐渐开始忽略那些内容真实的文章了,因为这些文章被放置在了通常带有广告的位置。

这种模式的第二种形式是带广告的虚假按钮。还记得那些下载免费软件的网站吗?网站上有三四个下载按钮,你需要猜出哪个是真的下载按钮。这是个大问题,以至于有些博客文章专门教用户如何找到正确的下载按钮。(见图 3-14 中来源于 Adam Kujawa 博客文章的一个案例。[10])幸亏 Google 开始屏蔽使用这种技术的网站了(见图 3-15),Google 称其为"欺骗性"网站。[11]

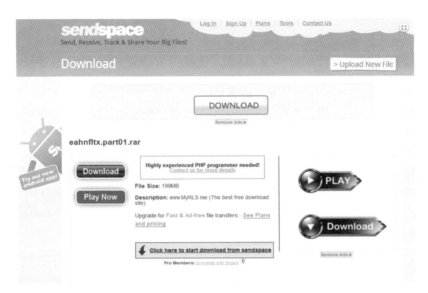

图 3-14
Sendspace 网站的截图。哪个才是正确的下载按钮呢?

图 3-15
Chrome 浏览器中的警告。当用户点击含有虚假下载按钮的网站链接时,他会看到这个警告

3. 强制续订

当服务方要求用户输入支付信息来获得免费体验时，就会发生强制续订。免费试用期结束后，用户会在**没有任何提醒**的情况下自动续订下一轮服务。

设计师不应该采用这种方法，应该提议使用"得寸进尺"法。[12]"得寸进尺"法是一种让用户慢慢顺从的技巧，它让用户相信某件小事是有好处的，这样之后他们更可能接受稍大一点的事情。这种销售技巧是可接受并且合法的。比如，让用户订阅你的电子邮件，然后为他们提供一个免费试用品，接着让他们每月都订阅一次，再接着向他们推销一个更大的升级计划，等等。对于所有这些请求，都要确保你说的价格和收益是真实的。你也可以使用互惠技巧：如果你免费给用户一些有价值的东西，他们之后更有可能从你手中购买。

4. 好友垃圾邮件

当公司获取用户的联系人列表并邀请列表中的人都使用自家服务时，就是好友垃圾邮件模式。这通常只需要用户的一次点击，而用户并不知道自己在授权应用以他们的名义给自己的所有联系人发送邮件。我们都厌恶这种模式。黑暗模式往往让用户觉得自己竟然被骗了，真是太蠢了，而雪上加霜的是，黑暗模式还会让他们在所有朋友看来也很蠢。

以下是 Jonathan 在职业社交网站 LinkedIn 上的个人经历。LinkedIn 以他的名义给好友发了一些垃圾邮件。

> 我永远不会忘记，LinkedIn 骗我给 Gmail 联系人列表中的每个人发送邀请邮件后我的心情。Gmail 会把你曾经联系过的每个人都添加到这个联系人列表中，所以它将邀请信发送给了我开通邮箱账号 5 年来联系过的所有人。这很可怕！我的联系人包括我以前的老师、客户服务代表、业务联系人、家庭成员以及很多其他人，他们并不喜欢 Gmail 以我的名义发送的垃圾邮件。**我感到很尴尬并有种被出卖的感觉。**当网站问我是否希望邀请我 Google 联系人列表中的好友时，我觉得下一步应该是滚动好友列表，选择我想邀请的人，但恰恰相反，一旦我允许它访问我的联系人列表，它就给所有人发送了邮件。这是 6 年多前发生的事了，但我记忆犹新。**要重获我的信任，LinkedIn 还有很长一段路要走。**

5. 视线诱导

视线诱导是魔术师最擅长的把戏。这是一种欺骗手段，表演者将观众的注意力集中在某件事上，以分散他们对其他事件的注意力。一些界面上也存在视线诱导，它们使用设计元素去分散用户的注意力。虽然我们完全接受魔术师使用这种骗术骗我们（毕竟，我们是付钱让魔术师骗我们的），但并不希望我们使用的服务、网站或者应用欺骗我们。

我们最喜欢的案例之一就是卡车租赁公司 U-Haul。在该公司的网站上，用户可以预订卡车。广告中写着价格低至 20 美元，但在预订过程中，如果你不注意的话，就会无意间添加一堆附加产品（见图 3-16）。如果用户不需要这些额外的产品，可以跳过这一步，但用户很容易被那个黄色的大按钮"添加这些商品"（Add these supplies）误导，以至于没注意到右上角有个"全部清除"（Clear all）的链接，以及下方极小的"不用了，谢谢"（No thanks）选项。该网站第二个有问题之处是购物车结算处。结算处显示的是今日必须支付的金额，而不是真正的总价。这意味着你稍后需要支付更多的钱，但如果你没有计算器，只能靠自己算的话，这一点显然不够明了（见图 3-17）。

图 3-16
UHaul 网站上预订流程中的一步，自动往购物车中添加商品。注意，所有默认的价格都是超过 0 元的

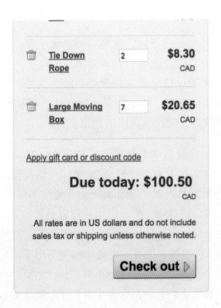

图 3-17
UHaul 购物车结算截图。"今日必须支付"（Due today）的总价很有误导性，用户并不知道稍后需要支付更多钱

6. 捕虫器

Comcast 和 AOL 所使用的一种常见黑暗模式被称为"捕虫器"，是指订阅服务很容易，想要取消却很难。公司故意让取消流程变得非常困难且令人沮丧，以此希望你打消取消的念头，或者推迟取消直到最后忘记这件事。这个模式经常和**强制续订**一起使用，这两者结合会让用户非常头疼。

使用这种模式的公司往往会引发社交媒体大量的负面报道。Gimlet Media 的技术播客 Reply All 最近报道了家庭保洁服务网站 Handy。用户可以在网上订阅 Handy 的定期服务，但无法在同一网站上取消服务。更糟的是，用户不仅需要打电话才能取消服务，而且电话号码也很难找到。以下是从播客中摘录的一段。主持人 Alex Goldman 谈起了他找电话号码的经历。

> 怎么联系 Handy 呢？点击"联系我们"按钮，它会将你带到帮助中心。然后，帮助中心底部写着："仍然需要帮助？联系我们。"这是另外一个链接，但带你去的却是同一个帮助中心。最后，经过一系列的搜索后，我终于找到了一个页面，上面写着："要想彻

底取消你的定期保洁服务，联系我们。”我激动万分，于是点击了它，但最后还是被带到了同一个帮助中心。

当我们试着搜寻其他碰到同样问题的人时，发现了无数条由不满用户发布的推文。这显然不是一个公司希望看到的宣传方式。值得赞扬的是，Handy 接受了这些批评，并且修改了网站，提供了简单的取消服务方法。你不再需要打电话，而且取消的选项也很容易找到。

加分项：陷阱性问题

这种模式也许是我们最爱的，因为它太荒谬了。你有没有听过这样一句话：“如果你不能说服他们，那就迷惑他们？”为了提升某些指标，某些服务通过使用一些双重否定的句子或者颠倒界面控件的预期功能，让用户做一些违背他们意愿的事情。陷阱性问题最好的例子之一就是 Royal Mail 的电子邮件订阅表单（见图 3-18）。建议你花些时间认真阅读下面的信息。

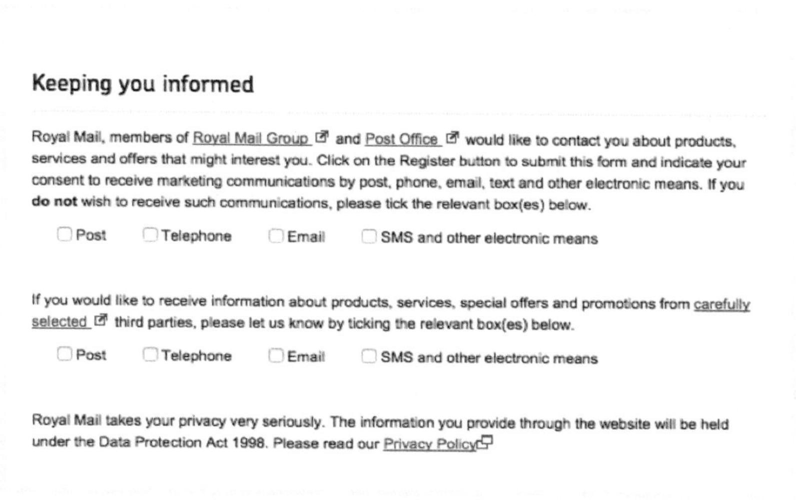

Keeping you informed

Royal Mail, members of Royal Mail Group and Post Office would like to contact you about products, services and offers that might interest you. Click on the Register button to submit this form and indicate your consent to receive marketing communications by post, phone, email, text and other electronic means. If you **do not** wish to receive such communications, please tick the relevant box(es) below.

☐ Post ☐ Telephone ☐ Email ☐ SMS and other electronic means

If you would like to receive information about products, services, special offers and promotions from carefully selected third parties, please let us know by ticking the relevant box(es) below.

☐ Post ☐ Telephone ☐ Email ☐ SMS and other electronic means

Royal Mail takes your privacy very seriously. The information you provide through the website will be held under the Data Protection Act 1998. Please read our Privacy Policy

图 3-18

RoyalMail 网站的截图。这个表单的第一个问题是，用户若不想订阅营销广告就勾选复选框；第二个问题是，用户若想订阅营销广告就勾选复选框。这让人非常困惑

第一个问题是，如果你不想订阅营销广告就勾选复选框。第二个问题是，如果你想订阅营销广告就勾选复选框。正常逻辑下，我们不想订阅就不勾

选复选框了，但这里这样做的结果是订阅了所有广告形式（这逆转了复选框的预期功能）。如果你仔细读第一个问题，就会发现你需要勾选所有复选框才能取消订阅（双重否定），但最后你还是会收到第三方的邮件，这是由第二个问题的指示造成的。如果你现在还很困惑，试想那些不了解黑暗模式的人会怎样。他们根本不可能选对。试想在现实生活中，如果一个专业人士这样跟你对话，你很可能会大笑不止。

银行职员：感谢您今天在我们这儿开户！您想不为此买个保险吗？

顾客：啊？想不买？

银行职员：你不确定吗？

顾客：呃……

Royal Mail 最近更新了这个表单。庆幸的是去掉了第二个问题，但不幸的是仍保留了第一个问题令人费解的措辞。

缺点

如果说这些设计技巧又可笑又糟糕，那为什么到处都能看到呢？黑暗模式如此普遍是因为它们能快速提升转化率。强迫每个浏览网站的用户都去订阅一份电子邮件，当季度的订阅量肯定是有所增加的，但之后真的会有用吗？

它会让公司赔很多钱

有些模式已违反了法律。LinkedIn 因为上文提到的好友垃圾邮件策略，在 2015 年的集体诉讼中被罚款 1300 万美元。[13] 另外，加拿大现在有一项专门针对垃圾邮件和恐吓邮件的法律，其认为公司使用未勾选复选框来表示同意订阅属于违法行为，并且强制要求公司提供简便的退订方式。2016 年 9 月，Kellogg Canada 被罚了 6 万美元，就因为未经用户同意便给他们发了一封邮件。航空公司 Porter 和电信公司 Rogers Media 也犯了同样的错，但涉及的规模不同，Porter 被罚了 15 万美元，Rogers Media 被罚了 20 万美元。可以想象，公司因为类似违法行为而被起诉的情况将来会越来越普遍。

它会拉低其他指标

这类设计为了短期的收益而辜负了用户的信任。这是错误的，而且从长远来看，也是极其糟糕的商业策略。设计时若只考虑单个指标常常会带来负面结果。比如，使用黑暗模式偷偷往用户购物车中添加一些商品，也许这看起来是个增加购物车中商品数量的好办法，但对比使用该模式前后的其他指标的情况，我们发现这很可能弊大于利。我们称其为"缩小"技术。以下是一些你可能会看到的结果。

(1) 失去了推销产品真实亮点的机会：如果产品展示得足够有吸引力，潜在消费者可能会主动把它们添加到购物车中。

(2) 上当受骗的消费者很可能会要求退货，这就会增加退货的运费和赔偿费用。

(3) 消费者很可能通过电话联系你们，而这会增加客服的工作量，也会增加资源配置。

(4) 消费者也许会在社交媒体上发牢骚。这会损害你们的声誉，而这种损失很难用金钱来衡量。

(5) 这些消费者不会成为你的回头客，也不会把你的服务推荐给亲友，而你将不得不花费更多金钱去营销，以吸引新的消费者。

赢得争论

作为设计师，我们在企业和用户之间，协调两者的互动。我们处在一个特殊的位置，要为用户发声，抵制那些糟糕的设计，这样才是对用户和公司都有利的。当被要求设计黑暗模式，或被要求把用户的失望情绪视作"极个别情况"时，我们必须站出来为用户说话。

表明自己的立场并不容易。我们建议提供一些创新性的替代方案或者倡导使用劝导式的设计模式，以合乎伦理道德的方式去获得更好的结果。如果这个办法没有用，就使用之前解释过的"缩小"技术来论证目前方案的问题。如果这还不够，那就举一些反例（LinkedIn 一直是个很好的例子，因为绝大多数人收到过它的好友垃圾邮件）。

提供论据

以下是 Jonathan 使用黑暗模式并给出反对理由的个人经历。

我还记得自己第一次被要求使用黑暗模式做设计的情形。我喜欢设计信用卡表单，这是客户转化流程中我最喜欢的一部分。所以分配给我的任务是重新设计结账流程。设计过程中，我研究了所有的最佳实践。项目结束后，转化率提升了 12%。对于整个设计团队来说，这无疑是一场胜利。成功之后，我们开始多轮的迭代工作。营销副总裁想尝试做些变化，所以我们提供了 14 天的免费试用，还为包年服务提供了折扣。但我接到了一个令人不快的设计需求，就是要高亮免费试用的文字来隐瞒预付费的事，还要隐瞒收取年费而非展示所说的按月收费的实情。所以，用户看到的将是免费试用，并且试用结束后他们将按月付费，而且是有折扣的。但是，当两周的免费试用期结束后，他们就会直接被扣 12 个月的费用（几百美元）。

我拒绝做这种设计并给出了理由，但是副总裁并没有让步，决定继续推进。果然，改动后收益激增，这似乎证明他的决定是对的。但我还是感觉不对。我们并没有考虑用户的利益。所以我开始深入研究，看看是否有隐性代价，并且还要证明这不仅损害了用户也损害了公司的利益。客户支持团队的同事告诉我，他们已经忙不过来了，他们接到了大量电话，都是关于取消服务和咨询服务的，他们需要招聘更多的员工来帮忙。我去听了一个小时的电话，从用户的声音中可以听出他们的失望——他们觉得被骗了，其中很多人都非常生气。我收集了能支持我观点的数据，将它们与每周的满意度配对，甚至还展示了我调研的这个星期内收益已经开始下降了。我把这些事实一五一十地告诉了营销副总裁，他睁大了双眼。我使用了他的"语言"来阐释问题：指标、数据、业务目标。我突然有了一个想法：要找到和你共事的人所说的"语言"。他们关注什么？他们是如何看待这个世界的？

从那以后，设计团队从一个"让事物看起来很美"的团队转变成了以数据为驱动的团队，成了公司增值的主力军。**随着时间的推移，我们证明了，尊重用户从长远来看是会有回报的。**反思过后，我希望我们的团队能早点确定我们的价值和设计原则，这样就能够判断自己是否越界了。我也希望我能和那位副总裁早点认识，联络一下感情，并掌握他的"语言"。我现在确定我的价值观与团队是统一的，如果可能的话，也要与领导层统一。

劝导并不意味着欺骗

值得注意的是，黑暗模式是不可接受的销售或营销技巧。我们建议使用**劝导式设计策略**。劝导式设计策略是可以接受的说服用户订阅或购买产品的方法。正如 Anders Toxboe 的解释：

> 你不能说服别人想要他们根本不感兴趣的东西。说服必须真诚并且合乎道德规范，这样才能持续有效，而不是一次性有效。如果你以一种不真诚的方式去说服用户注册你的产品，那当他们使用你的产品时，就会发现真相，最终就会事与愿违。[14]

总结

虽然有很多其他的原因会导致用户生气，但无礼设计和黑暗模式是最常见的两大元凶。它们在透支我们的品牌价值，换句话说，在透支我们品牌的信赖度。用户的忍耐是有限的，他们没有马上离开并不意味着他们不想。虽然用户可能需要我们的产品，并且花了很多时间周旋于我们的各种"骗局"设计中，但怒气正一点点在增加，一旦他们失望到极点并认为他们所获得的不再有价值时，就会决然离开。人当然是不喜欢吃亏上当的。当意识到被骗时，他们都会不开心。我们的职责就是要为用户挺身而出，表明自己的立场，指出问题所在，并学会共事之人所说的"语言"，以便以他们能够理解并认同的方式表达想法。

重要结论

(1) 情感伤害对用户有实际的影响，绝不是一封简单的邮件、一通电话或者 Twitter 上的一条官方回复就可以补救的。

(2) 礼貌能让处于同一境况下的双方建立良好的关系，也会缩小双方背景的差异。这不仅在人类面对面的关系中适用，在人机交互中也适用。

(3) 虽然大多数情况下导致用户失望的原因是设计师不了解良好的设计原则，但有些东西是故意设计得很复杂的。我们称其为**黑暗模式**。我们需要不惜一切代价去避免这类模式。

(4) 使用黑暗模式是因为它们能让某一个指标飙升，能让设计师看上去能力不错。但是当你查看其他指标时，会发现用户留存指标、信任指标、品牌可靠性指标、好友推荐度都下降了。

(5) 表明抵制黑暗模式的立场并不容易。我们建议提供一些创新性的替代方案或者使用劝导式设计模式，以合乎道德的方式去获得更好的结果。如果这个办法不起作用，就使用"缩小"技术。如果还是不够，就举一些反例。

对 Garth Braithwaite 的访谈

以下是对 Garth Braithwaite 的访谈。他是 Adobe 的高级体验设计师、O'Reilly 的作者、Open Design Foundation 的创始人。

1. 你认为技术的作用是什么？

技术的主要作用是改善生活：改善沟通、健康和生活质量；简化枯燥、琐碎、重复性的任务，从而帮我们节省出更多时间，将精力集中在更重要的事情上；帮我们找到提升自我的方法。

2. 在让世界变得更美好的过程中，设计扮演什么角色呢？

设计是研究并优化我们与世界互动的方式的过程。优秀的设计能够帮助我们发现可优化之处，还会引导我们解决问题。

3. 为什么设计师要为开源项目做贡献？

Web 的大部分由免费开源软件支持。开源软件是技术和沟通的基石。设计师对推动 Web 的发展有着既定的兴趣。而开源许可的本质就是给不同背景的创造者提供机会，通过降低准入门槛，方便他们为未来的发展做贡献。

4. 你看到的最成功的贡献是什么？

对开源软件最成功和最令人印象深刻的贡献是人们找到了常见问题的解决方案，并免费公开地发布了解决方案。在这些情况下，激励贡献者的是他们对他人的关爱，而不是对金钱的热爱。

我最喜欢的案例就是"夜猫子"（Nightscout）项目，因为它对我的家庭影响很大。这个项目旨在为患有 1 型糖尿病的病人家庭提供持续的血糖水平监控。因为这是一个开源的项目，家长自己设置栈，而无须等待政府认可它为一种医疗服务。"夜猫子"项目的宣传语就是"#我们不用等待"。

5. 设计师如何为开源做贡献？

设计师为开源做贡献的方式和他们为任何产品做贡献一样。他们要帮忙辨别哪些地方可以改进、哪些地方需要研究、哪些地方可以建立工作流，从而确保满足该产品的用户需求。

6. Open Design是什么？为什么它很重要？

Open Design Foundation 是由一群设计师和开发人员建立的组织，他们意识到设计师可以为开源软件带来巨大的好处，反过来，设计师参与到以爱和热情为基础的软件开发中，自身也会受益。

虽然开源软件对开发人员来说感觉是开放的，但对局外人来说可能令人生畏。Open Design Foundation 的目标就是鼓励和指导设计师（以及任何其他人）为免费开源的软件做贡献。

参考文献

[1] Baumeister, Roy F., Ellen Bratslavsky, Catrin Finkenauer, and Kathleen D. Vohs. Bad Is Stronger than Good [J]. Review of General Psychology 5:4 (2001): 323–370.

[2] Gregusson, Halvor. The Science Behind Task Interruption and Time Management [EB/OL]. Yast blog, May 23, 2013.

[3] Griffith-Greene, Megan. Self-Checkouts: Who Really Benefits from the Technology？[EB/OL] CBC News, January 28, 2016.

[4] Beck, Adrian, and Matt Hopkins. Developments in Retail Mobile Scanning Technologies: Understanding the Potential Impact on Shrinkage & Loss Prevention [D]. University of Leicester, 2015.

[5] Carter, Claire. Shoppers Steal Billions Through Self Service Tills [N/OL]. The Telegraph, January 29, 2014.

[6] Ryan, Tom. Self-Checkout Theft Is Habit Forming [EB/OL]. RetailWire, May 19, 2014.

[7] Whitworth, Brian, and Tong Liu. Politeness as a Social Computing Requirement [M/OL]. In Handbook of Conversation Design for Instructional Applications, edited by R. Luppicini. Hershey, PA: Information Science Reference, 2008.

[8] Brignull, Harry. Dark Patterns: Inside the Interfaces Designed to Trick You [EB/OL]. The Verge, August 29, 2013.

[9] Kleinman, Zoe. Microsoft Accused of Windows 10 Upgrade 'Nasty Trick.' [EB/OL] BBC News, May 24, 2016.

[10] Kujawa, Adam. Pick a Download, Any Download![EB/OL] Malwarebytes Labs, October 19, 2012.

[11] Ballard, Lucas. No More Deceptive Download Buttons [EB/OL]. Google Security Blog, February 3, 2016.

[12] Freedman, Jonathan L., and Scott C. Fraser. Compliance Without Pressure: The Foot-in-the-Door Technique [J]. Journal of Personality and Social Psychology 4:2 (1966): 195–202.

[13] Roberts, Jeff John. LinkedIn Will Pay $13M for Sending Those Awful Emails [EB/OL]. Fortune, October 5, 2015.

[14] Toxboe, Anders. Beyond Usability: Designing with Persuasive Patterns [J]. Smashing Magazine, October 15, 2015.

第 4 章

真让人伤心

设计时，需要考虑多种情感。其中大部分情感比上一章讨论的愤怒和失望更微妙，包括伤心、自责、耻辱、排斥、悔恨、悲伤、悲痛、不安、心碎、无聊等。但我们很少听到这些情感。为什么公司往往只测量愤怒值和失望值呢？首先，收集用户行为数据的常用工具和衡量标准无法用来收集情感数据。其次，了解人们感受的最佳方法是去询问他们。不幸的是，一般认为定性数据不如定量数据那么重要。

在本章中，我们将探索糟糕的设计决策是如何对用户造成情感伤害的。然后研究一些方法来避免这类错误的发生，并成功说服项目中的所有干系人：用户的情感非常重要。

将用户理想化

在创建用户体验时，我们的目标是让用户开心，带给他们愉悦感和价值——目标永远是正向的。这就是为什么设计师需要以乐观的心态去工作。因此也不难理解为什么我们为真实用户及他们的生活做设计时，设计稿中都没有包含用户操作失败的情况。举个例子，看看展示设计师作品的热门网站（如 Dribbble 或 Behance）上的所有概念稿。界面上都是微笑的头像、酷炫的建筑、充满异国风情的高清大图，但用户在实际使用我们的应用时，很少是这种情形。在现实情况中，用户的头像可能会过小或不清晰，背景图的对比度可能很低，内容可能很沉闷，远没有我们视觉稿中的文案那么华丽和理想主义。通常，只有人们开始使用应用时，我们的产品才算是上线，我们才会发现问题。即便我们不断相互提醒"你不是用户"，但有时还是会发现我们既不是为自己也不是为用户做设计，而是在为了脑海中理想的用户做设计。**理想用户的需求和行为与我们脑海中的商业目标惊人地一致。**

以用户为中心的设计很有效，因为它鼓励我们在设计前真正地去了解用户。只有了解了他们的需求和动机，我们才能为他们找到解决方案。设计一个产品并希望用户有与产品功能相一致的需求，这是行不通的。当我们开始真正去了解用户的时候，会发现他们的生活非常真实，有起有落，有刺激的冒险也有枯燥的午后时光，有快乐也有悲伤。但是，我们经常会理想化、积极、善意地想象理想用户可能是什么样子。设计师会犯的第一个错，就是忘了用户并不是肥皂剧中的角色，并不是只生活在我们的视线中，他们有我们不知道的一面。

无意间的残忍

当我们忘记考虑"边界情况"时，就可能会对用户做出一些残忍的事。Eric Meyer 在他的博客文章"无意间的算法残忍"中分享了一个辛酸的故事，详细描述了他如何被 Facebook 上一个"好心"的功能伤害了。Eric 的小女儿 Rebecca 在 2014 年不幸过世了。那一年年底 Facebook 推出了一个叫作"年度回顾"的功能，使用用户分享的帖子和照片，再配上动画和音乐，拼凑出了用户的年度回顾。这个功能非常热门，很多人都分享了他们的年度回顾。但对这一年过得并不顺的人来说，这个庆祝就好像在揭伤疤。那天，Eric 登录了 Facebook，他看到了一张他过世女儿的大照片，周围还有气球和跳舞的小人儿（见图 4-1）。更糟糕的是，用户无法退出这个动画，所以他每次登录 Facebook 时，只能一遍又一遍地忍着看完。

Eric 在他的博客文章中写道："这个下午我并不想悲伤，但悲伤还是找上了我。"不幸的是，他并不是唯一一个碰到这种情况的人。其他人也被迫去回忆一些痛苦的往事。被烧了的房屋、痛苦的分手经历、去世的朋友……所有不幸的事情都被"高亮"显示了。很明显，Facebook 的设计师并不是故意如此残忍的。这个功能对于大多数过去一年过得不错的用户来说是非常好的，他们愿意回顾过去一年中的点点滴滴。

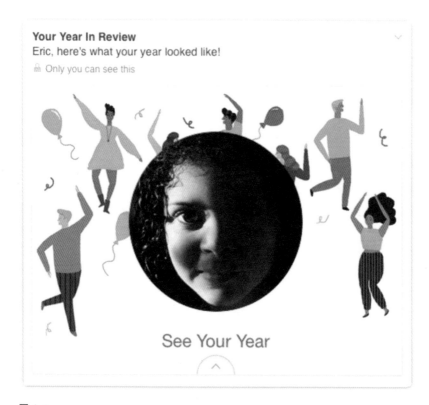

图 4-1

Eric Meyer 在 Facebook 上的 2014 年年度回顾中看到了一张他过世女儿的照片，周围还有气球和跳舞的小人儿（来源于 Eric Meyer 的照片集）

设计师喜欢给用户制造惊喜和快乐。我们会使用特别的文案，增加一些彩蛋，实现一些自动化的小功能，或者增加细节使得交互方式变得更加个性化。大多数情况下，这些做法都是不错的。但我们开发的功能若只是为了庆祝、回忆、提醒纪念日、猜测需求等用途的话，**我们必须要确保用户是可以退出的**。这看似友好的界面元素有时会让用户突然悲伤起来。

另一种好的做法是，当使用用户生成的内容时，利用所有可用的信息去确定这是不是敏感内容。比如，Facebook 本可以根据这张照片的评论来判断它是否带有悲伤记忆。如果评论中出现了"伤心""遗憾""愿她安息吧"或其他类似的文字，那么为了避免触景伤情，"年度回顾"中就可以排除这张照片了。

瞬时伤感触发器

蒙特利尔的用户体验设计师 Chloe Tetreault 分享了她的故事——Facebook 如何触发了她的伤感。

2013年7月31日

我父亲于 2013 年 7 月 31 日凌晨 4 点去世，年仅 57 年。他被诊断出癌症四期，癌细胞已经扩散到全身多处。确诊后病情迅速恶化，三周后父亲就过世了。

虽然死亡和悲伤无处不在，但对于我们大多数人来说还是抽象的概念，我们甚至会尽可能不去思考这个事情。我们都知道悲伤的过程分为五个阶段，但在现实中，悲伤的过程是因人而异的。一开始，我非常激动，需要宣泄出来，我尽可能多地与周围人一起谈论父亲的离世，这能帮助我缓解悲伤的情绪。但几个月后，我把悲伤藏在了心里，不再想过多和别人谈论这件事，因为我感觉他们并不能理解我，也可能是因为自己不能真实地表达出当时的感受。实际上，悲伤从未真正结束，它只是在变化，随着时间的流逝而减轻了。有时候，在不经意间，有个什么事情刺激了你，悲伤就会再次袭来。这很难解释。

父亲去世几个小时后，我的姑姑 France 上传了一张家庭旧照到 Facebook。照片中我和姐姐微笑着，父亲则哈哈大笑着，这是一张有着美好回忆的照片。我记得我当时还曾想摆个思考的动作。大家都评论了照片并给予了安慰。（我是三天后才去评论照片的。）

2015年7月31日

两年过去了，那是一个周五，我一早起来心情很好，期待着即将到来的周末。和往常一样，我 7 点半左右醒来，拿起手机就打开了 Facebook，然后心情顿时就不好了。Facebook 重新推送了姑姑两年前发的父亲照片。一瞬间，所有关于父亲及他去世前最后一周的回忆都浮现在我的脑海中，眼泪也不禁流了下来。就是这样，Facebook 让我在看到照片的刹那间重回了人生中最痛苦的时光，没得到我的允许，也没以任何方式提前让我知晓。

我能做什么呢？取消照片上 @ 我的标签？但这样做，照片就会淹没在姑姑的一堆照片中，当我真正想看的时候，便很难再找出来了。

我说过，悲伤的过程从未真正结束。Facebook 推送这一消息，就好像让我的整个悲伤过程倒退了三步。这很可怕。但 Facebook 怎么可能知道呢？他们怎么才能避免发生这种事呢？我知道，也许有一些回忆我想要分享，但也有一些回忆我不想分享，甚至不想被提起。我不需要别人提醒我父亲的死亡，因为那个日子我早已铭记在心。

2016年父亲节

无论多少年过去了，总有些日子很难过，比如节日，并且不论长短。对我来说最难熬的日子就是圣诞节、父亲的生日和父亲节。今年，Facebook 再次提醒了我父亲节即将到来。我关闭了这条消息，我非常确定去年我也关闭了这条消息，但今年我又收到了这条消息。

这个问题确实不太好处理，因为当母亲节来临的时候，我就很高兴能收到这样的提醒。

2016年7月31日

7 月底，我开始为 Cynthia 和 Jonathan 的书写这个故事，时机很完美。Facebook 在 31 日这天再次推送了这条回忆（因为我之前也没有拒绝过）。我今年看到这条推送时，稍显轻松了一些，也许是因为我比往年更希望看到它吧。

自责和羞耻心

从最基本的层面来讲，用户使用产品时的挫折感会通过自责和耻辱而造成伤害。他们认为自己在使用产品时存在困难是因为自身的失败或不足导致的。通常情况下，我们没有意识到我们给用户带来的小伤害会随着时间累积，最终对他们造成真正的伤害。自责的结果就是，人们会避免在他人面前使用这项技术，即便使用，也会表现得非常焦虑。

因为人们通常都是独自使用产品，所以无法与他人做比较，也就会认为既然那么多人都能正常使用，自己肯定是唯一遇到问题的人。这也会引起排斥情绪，因为为了避免不知如何使用而产生的痛苦和尴尬，用户会选择不再使用这项技术。用户宁愿远离那些给他们造成伤痛、不安和挫败感的事物。

"高级用户"功能

有很多策略可以帮助新手用户，让他们获得归属感。首先，"高级用户"功能的优先级不能高于新手用户功能。高级用户功能固然很不错，但是不应为了实现这些功能而牺牲新手引导功能。

快捷键

留心那些只能通过快捷键或点击（无文字说明的）图标才能使用的功能。想想你该如何让用户发现这些操作。虽然提示气泡很有用，但只适用于有光标的情况（手机和平板计算机上并没有光标）。一个很好的解决方案是，很多 macOS 应用的"帮助"菜单下放置的搜索框（见图 4-2）。它不仅显示了搜索结果，还提示了用户下次想用这个功能时应该去哪儿找。另外注意一下，菜单上每个功能旁都标注了快捷键，这可以为新手用户提供帮助。但我们希望能完整显示 Alt 键（或者 Option 键），而不是使用"⌥""⇧"及"^"符号，因为这些符号都需要花时间去理解，而且一般键盘上也都没有这些符号。Google Docs 在这一方面就做得比较好（见图 4-3）。

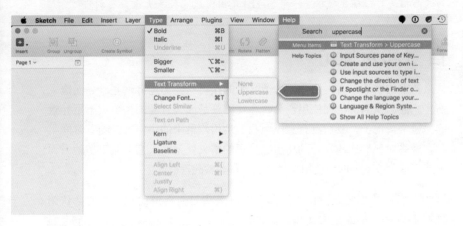

图 4-2
macOS 在很多应用的"帮助"菜单下提供了搜索功能：不仅仅展示搜索结果，还自动显示这个功能在哪个菜单下能找到

图 4-3
Google Docs 完整地显示了快捷键，使用了文字"Option"，而不是符号"⌥"

易懂的设置

每次增加一个新的设置时，问问自己，因此而增加复杂性是否值得。如果你必须保留每个单独的设置选项，考虑一下是否可以隐藏或组合一些复杂且不必要的选项。另外，确保各个选项都有使用说明。直接在设置页增加一些直观的例子会更好。你的用户，即便是"能人"，也会为此感谢你。我们往往高估了用户理解和了解产品细节的能力。

通常，我们会忽视这些用户，任其流失，因为我们认为需要大量的资源才能帮助到他们。我们告诉自己，我们的设计对象是"高级用户""现代用户"甚至是"年轻一代的用户"。但事实是，任何人都会遇到问题，如果我们不去设计每个人都能方便使用的产品，就会失去大量用户。

无人能理解的设置

Cynthia 分享了她给一群游戏设计师办研讨会的经历。

我最近在一家大型电子游戏公司办了一场研讨会。我问在场的所有人，谁认为自己是"铁杆玩家"，大部分人都认为自己是。我的幻灯片中每展示一张截图，他们都能在我说出名字前就辨认出这是哪款游戏。他们知道所有的游戏，即使是小众的独立游戏。

随后，我展示了热门游戏 *Diablo 3* 中的一些设置的截图（见图 4-4），并问他们"垂直同步"和"杂物密度"这两个设置是什么意思，全场一片沉默。我一直以为我还称不上"铁杆玩家"（高级用户），因此不知道这些设置的具体含义。但我现在站在一群游戏开发人员和关卡设计师面前，我以为这些人非常了解这些设置，但实际上他们也无法解释清楚这些设置具体指什么。那为什么让这些设置对所有游戏玩家可见？它们不会让新手玩家产生排斥情绪吗？这些高级设置不能组合在一起吗？为了提高这些设置的可发现性，是否应该附加说明，或者给出一些例子是不是更好？

图 4-4
Diablo 3 游戏选项。大部分用户（甚至是高级用户）都无法理解菜单中部分选项的含义，更别说解释了

允许滥用

另一种对用户造成情感伤害的方式，就是忘记设计防止滥用的保护措施。起初，设计师只负责产品的一小部分。经过一段时间后，他们需要承担的责任越来越大，他们要打磨产品的整个用户体验、交互设计和视觉设计，并且要经常参与产品决策。随着这一转变，他们的责任也增加了。如果我们在思考产品应该做什么时思维狭隘，就会忽略用户对产品的所有潜在使用，而这些使用并不在我们的计划之中，也不符合我们的用户画像。

用户画像是个很好的工具，能够确保公司里的每个人都了解用户，但是如果它只代表了部分用户，就会适得其反。有一类用户我们经常忘记，那就是糟糕的用户。"没有糟糕的用户，只有糟糕的设计"，这句话其实是不正确的。我们所说的"糟糕的用户"并不是指那些不能熟练使用计算机的用户，而是指那些怀有恶意的用户。特别是在社交类产品中，用户之间是有互动的。

举个例子，如果应用允许用户在网络上发送文件，就会有用户滥用这个功能去发送垃圾邮件或网络诈骗信息，或者是发送一些不良内容给他们讨厌的人。滥用产品的方式会让人大吃一惊。我们要认识到一个残酷的现实，就是**用户会作恶**。我们有责任为此进行设计并保护使用我们产品的用户。

为了防止滥用，我们该如何设计呢？减少滥用的设计并不能靠主观来判断。这也是技术安全永远不完美的原因。当设计产品时，我们就需要思考如何防止滥用。下面是一些很好的问题，对我们的思考有帮助。当设计新功能或者优化功能时，我们应该回答以下这些问题。

- 用户可能会怎么滥用这个功能去伤害他人？
- 如果这个功能被滥用了，用户该如何抵制它？
- 屏蔽系统是自上而下的还是自下而上的？如果是自上而下的，是否能扩展？
- 用户滥用了功能后，会有什么后果？他会失去什么？
- 如果我们增加了保护措施，是否会对其他用户的操作造成影响或者妨碍？如果是，是否有不会造成影响的措施？
- 是否有一些诱因导致了用户的滥用？

不要找些简单的借口来搪塞，比如"我只是把工具放到网上，至于人们用它做什么，我控制不了"。Twitter 的创始人曾说 Twitter 只是"一个交流工具，并不是内容协调员"。[1] 但是，这为恶意用户提供了便利。这个问题非常严重，以至于 Twitter 2010—2015 年的 CEO Dick Costolo 写道：

> 我们在处理平台的滥用问题及网络喷子的问题上，做得都很糟糕，而且多年来一直很糟糕。这也不是什么秘密了，整个世界每天都在讨论这个问题。我们因为没有解决用户每天面对的网络恶意事件，而失去了一批又一批的核心用户。

> 我很惭愧，在我担任 CEO 期间，我们没有处理好这个问题。虽然这很荒唐，但并没有什么借口可找。[2]

在社交产品中，滥用 / 辱骂可能很明显，也可能很模糊。有时就是分不清楚到底是辱骂还是不好的言论。比如："呃，我希望你死掉。"这是否要屏蔽？显然这句话很伤人，但有时结合语境来看，也许并不会造成什么影响。在电子游戏聊天中，希望你的对手快点死是很正常的。同样的句子要是用在社交网站的私信中，不仅很刺耳而且是违法的。

短时间内，社交网络上的这些行为可能会被认为是没问题的。在其他产品中，如果看到用户有这样的行为，就会屏蔽用户。社交类产品必须要明确分界线在哪儿，以及如何处理灰色地带。Facebook 和 Twitter 在处理辱骂 / 滥用方面已经取得了一些进步，比如令举报他人变得更容易，以及提供屏蔽方式，但是在我们写这本书的时候，他们对灰色地带的态度并不强硬，甚至在很多情况下对明确的辱骂言语也是如此。

如何避免引起伤感

我们知道，Facebook 的设计师或者工程师并没有带着恶意去创建新功能。再强调一次，指责一个人并没有用。但善意并不足以原谅我们在产品设计中对用户造成的伤害。让我们来看看如何避免出现瞬间悲伤的情形。

避免将情感变化与数据库中的状态变化混淆

对于计算机来说，Facebook 上的一个反应只是一列中的一个数字。我们可以对为什么用户会为某事"点赞"做个假设，但不应将按钮上的文字与用户的真实情感联系在一次。比如，在 Facebook 推出新表情（爱、哈哈、生气、哇哦、悲伤）之前，用户与他人内容进行互动的唯一方式就是评论或者"点赞"。我们应该见过这种情况：有人更新了悲伤的状态，然后有一群人给他点赞。显然他们并不是对好友的不幸而感到高兴。点击"点赞"按钮只是表示自己感同身受，它的意思是"我读过你的更新了""我会陪伴在你左右的"或者是"很高兴你能说出自己的感受"。点击了"点赞"按钮和实际喜欢某事有很大的区别。

另外，如果你使用算法去开发新功能，要确保使用正确的数据来代表用户的真实情感，而不是用图标替代。用户知道，当某物获得了很多"点赞"时，未必就表示它很受喜欢。不幸的是，算法并不总是被设计得能分辨出感同身受时的"点赞"和真正的"喜欢"。

不要低估符号的力量

这就引出了我们的第二点：谨慎选择用来与内容互动的文字或符号。它们应该始终准确地代表用户正在执行的操作。比如，在苹果邮箱中，用户点击"拇指向下"按钮就会将邮件移到垃圾文件夹（最近，这个图标被改成了带有"×"的收件箱）中。然后当用户想要把邮件从垃圾文件夹中移回收件箱时，再点击"拇指向上"按钮（与点赞操作有关联，见图4-5），这似乎很符合逻辑。理论上这行得通，但实际上，并不是所有安全邮件（非垃圾邮件）都令人喜欢。我们身上就发生过这样的例子：在一家新的金融机构办理了一张信用卡，苹果邮箱把这张信用卡的账单错误地分到了垃圾文件夹中。为了把它移回收件箱，我们不得不"点赞"（点击"拇指向上"按钮）这封邮件。相信我们，**我们大多数人肯定是不喜欢信用卡账单的，但是软件强迫我们说喜欢。**

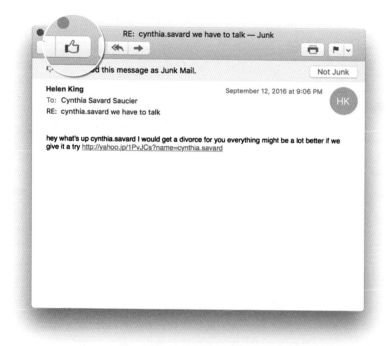

图 4-5
苹果邮箱要求用户"点赞"邮件才能将它从垃圾文件夹中移回收件箱

你也许会想："它只是一个符号，能造成多大的伤害呢？"实际上，与操作相关联的符号是相当强有力的。所有这些笑脸、拇指、点赞、星星、爱心都承载着大量的情感。

当 Airbnb（在线服务网站，允许用户租赁房屋）将其评价系统的图标由星星换成爱心后，用户转化率大幅提高。Co.Design 上有一篇报道说，星星是"Web 常用的图标"，并没有承载过多情感，但爱心是"令人向往"的，会引起情感反应：

> 在过去几年里，Airbnb 的注册用户可以对他们浏览的房屋进行评价（采用标注星星等级的形式），并将其收藏到列表中。但是Gebbia 的团队想知道仅通过一些细微调整是否可以提高用户的参与度，所以他们将星星换成了爱心。令人惊喜的是，参与度一下子提高了 30%。Gebbia 告诉 Co.Design 说："这让我们看到了强大的潜在力量。"特别是，这还让他们思考基于搜索的服务的微妙局限性。[3]

爱心和星星并不是仅有的两个带有浓重情感的符号。微笑符号并不亚于它们，同样强有力。研究表明，**人类的大脑**已经分辨不出**表情**和表情符号的区别。[4]你没有看错，我们的大脑已无法区分笑脸符号和真实的笑脸！

一组研究人员已经证实，大脑处理表情符号时产生的信号和以前处理人类真实面部表情时产生的信号是一样的。他们给 20 个参与者展示了微笑符号":)"，以及真实的面部表情和一串符号乱码，并记录参与者看到真实的面部表情时他们大脑被激活区域产生的信号水平。虽然看到真实的面部表情时，记录到的信号水平比较高，但是当参与者看到表情符号时，信号水平却高得惊人。[5]

记住每个用户都会死

设计服务时，这一点显然不会令人振奋，但是如果你的公司长期经营这一服务，就不可避免地会遇到一些用户死亡事件。如果有人死了，你计划如何取消你的服务？如果有个极度悲伤的人想要登录他所爱之人的账号，你将如何处理这种情况？你需要做什么样的文书工作以使得这个变更尽量简单，同时又保证安全？你会发送电子邮件（或者更糟，邮寄纸质信件）吗？

有些公司用非常明智的方式处理这种情况。Twitter 就是一个很好的例子。当有人想要注销一个账号时，Twitter 会引导他们去填写一个表格，表格中的每一项都是精心设计的（见图 4-6）。表格使用了简单的措辞以及合理的选项。首先，填写已故用户信息部分的标题是"报告详情"（没有夹杂情感，比较中立）。这种措辞非常合理，避免了直接提到死者——我们能想象到，填写这张表格的人并不需要我们提醒他（她）深爱的人已经死了。其次，还有一个"附加信息"字段，但也明确地指出了这是个选填项。这允许用户填写很多内容或者不填内容，只要他们舒服就好。最后，Twitter 需要知道申请人和已故用户的关系。为了将这个问题的影响最小化，Twitter 只提供了 3 个选项：家人或法定监护人、法定代理人，以及其他，而不是要求用户详细解释他们的关系。另外注意一点，这些问题中都没出现动词。可以肯定失去至爱是非常痛苦的，强迫用户表明自己是（were）死者的母亲，是个毫无用处又非常残忍的提醒。

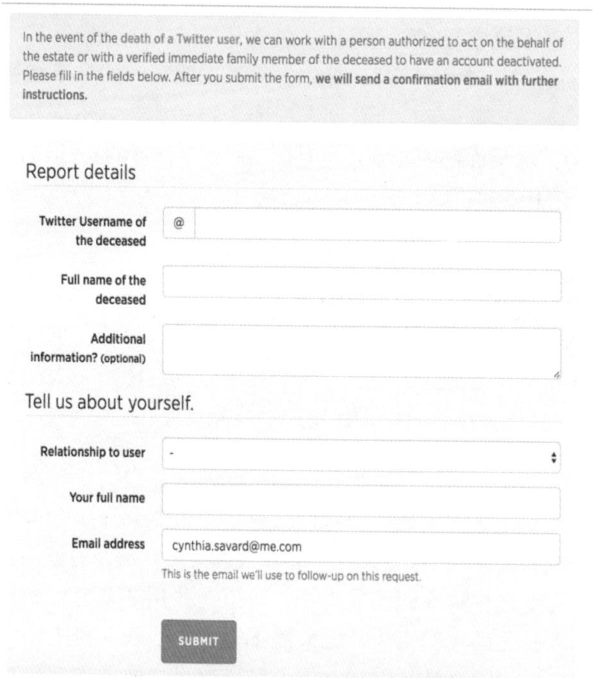

图 4-6

Twitter 上注销已故用户账号的申请表格

设定"悲伤体验官"一职

如果你们是团队工作,那么指派一个人担任为期一周的"悲伤体验官"。这个人有以下几项职责:

- 在参加的每个会议上,为不开心的用户发声;
- 用不开心的状态去检查现在的设计;
- 一周结束的时候,将自己的发现通过协作式日志的方式与众人分享(可以是一个与所有人分享的 Google 文档,将发现一条一条地列出来)。

比如,在头脑风暴阶段,体验官应该经常提醒团队,并不是每个人都有好心情的。他们可能会说"那些悲痛的、来注销至亲至爱账号的人,可能会觉得这封邮件的文案太令人难过了"或者"浏览我们网站以寻求帮助的人,可能很难找到他们需要的内容"。

然后,你可以制定一个体验官轮换表。比如,第一周是"悲痛体验官",第二周是"厌恶体验官",第三周是"悲伤体验官",第四周是"绝望体验官",第五周是"残障体验官",等等。另外,团队中的每个成员都应该轮流担任体验官,而不仅仅是设计师。任何人担任体验官不应超过一周(或者一个 sprint,如果你们的开发节奏是以 sprint 来计算的),因为一直做团队中扫兴的人是很难的。

重新制定功能开发的优先级

开发一个产品很烧钱。即使是大公司的资源也是有限的。所以我们经常用二维矩阵图来为功能制定优先级,两个维度分别是使用频次和受影响的用户比例。大多数人大部分时候会使用的功能先实现(见图 4-7)。

这种方法非常有效,只是它使得几乎不可能在产品地图中针对罕见但又蕴含危机的情况制定保护措施。当我们问自己"可能会发生的最糟糕的事是什么"时,如果某事 / 物可能会伤害或者杀害某人,那么它就应该是高优先级的,即使发生这种事的概率非常小。对于某些用户来说,周全的保护措施可能很烦人。然而我们认为,如果能够避免给少数人带来伤害,那么给大多数人带来干扰完全是可以接受的。**防止对用户造成伤害比功能本身更重要**。比如,当用户搜索"sad"(伤心)时,博客平台 Tumblr 会先提供帮助，而不是直接显示搜索结果（见图 4-8）。虽然这对大部分用户来说可能没什么用，还需要他们额外多点击一次，但对少部分人来说，这是个很大的改善。这绝对是值得的。此外，它还向其他用户展示了 Tumblr 对他们以及其他用户的关爱。

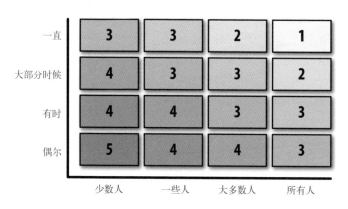

一直
大部分时候
有时
偶尔
3 3 2 1
4 3 3 2
4 4 3 3
5 4 4 3
少数人
一些人
大多数人
所有人

图 4–7
典型的功能优先级表格

sad
Everything okay?
If you or someone you know are experiencing any type of crisis, please know there are people who care about you and are here to help. Consider chatting confidentially with a volunteer trained in crisis intervention at www.imalive.org, or anonymously with a trained active listener from 7 Cups of Tea.
It might also be nice to fill your dash with inspirational and supportive posts from TWLOHA, Half of Us, the Lifeline, and Love Is Respect.
View results anyway

图 4–8
Tumblr 网站的截图。搜索“sad”（伤心）时，平台提供了帮助而不是展示搜索结果

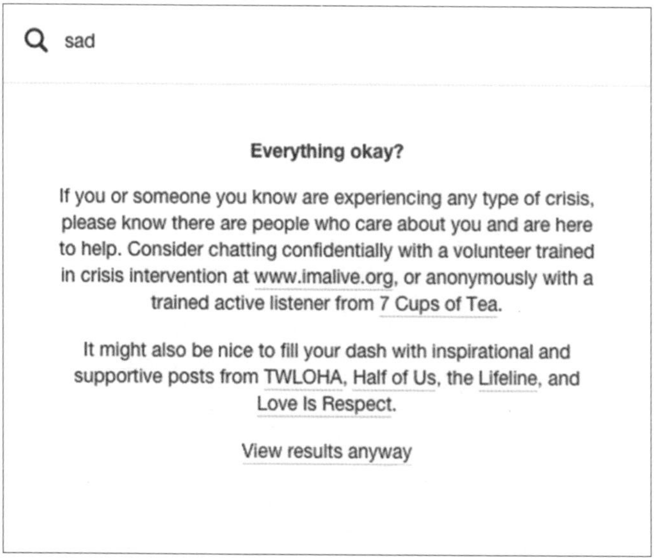

组织关于灾难性场景的头脑风暴

我们很清楚，各种可能的情况太多了，所以我们无法为每个场景都进行设计。为了发现大部分场景，可以找一组人做一个非常有趣的 45 分钟的活动。我们称这个活动为**关于灾难性场景的头脑风暴**。我们的目标是邀请尽可能多的人进入一个房间，然后问他们："对于我们的新功能，可能会发生的最糟糕的情况是什么？"每个参与者必须提出一个灾难性的场景，把它写在便利贴上，然后贴到墙上。鼓励所有参与者要有创意！我们发现，一开始提供一些有趣的示例能打破僵局。一旦墙上贴了很多便利贴，你们就可以开始投票，选出"可能发生的最糟糕的情况"。然后应该认真思考得票最高的三个场景，将其作为产品地图中的优先项。

改变你习以为常的测试场景

当做用户测试时，我们的开头语总是类似于这样的话："你好，欢迎参加我们的活动！你不用着急，慢慢来，你做什么都不会错。即使你无法完成任务，那也是因为我们的设计有问题，不必自责。"为了让参与者感到舒服，我们还会调节房间的温度，会确保他们没有感到自己被其他人盯着，会提供他们喜欢的咖啡，并且会在他们感到困难时及时安抚他们。虽然这些让参与者感到舒服的努力都值得赞扬，但这导致了放松的参与者给出了最优结果。现实生活中，用户并不是一直在一个设计完美的环境中，在光线充足的房间里，有充足的时间，用着最新的设备。

增加压力

如果我们稍微增加一点压力，让参与者在有限的时间内完成任务，会怎么样呢？我们并不是建议把所有的测试项都变得高度紧张，但也许五分之一的任务可以在压力稍微大点儿的情况下完成。你可以试着激励参与者，比如说"如果你能在 4 分钟内完成，我们就会给慈善机构捐赠 5 美元"，或者"试着找到信息，中间最多只能点错 3 次"，甚至是"我们会计时，看你多久能完成任务"。这样结果就会大不相同了。这能更好地反映实情，并有助于发现一些极端情况。（另外，如果用户在有点压力的情况下还不能在网站上找到信息，那么你就知道你的网站需要改进了。）

贴合真实环境进行可用性测试

大部分可用性测试都是在会议室、实验室或者酒店的会客室里进行的。这便于在一个可控的环境中观察用户如何使用产品，消除了干扰，并且限制了变量的数量。但是，取决于预期的使用场景，在具有所有预期的干扰和不完美因素的现实环境中进行测试可能更合适。在做测试之前，以一个被测者的角度去感受一下现场。注意一下测试过程中可能会发生的问题，并拍一些照片。

现场测试用户时要考虑如下几点。

- 你是否有足够的空间去观察用户，而不会让用户分心？作为测试主持人，你是否也能处在同一空间内，并且不需要移动任何设备？
- 是否有安全隐患？
- 是否有潜在的保密问题？
- 技术设置是否符合你的要求？是否可靠？
- 灯光和噪声情况如何？你是否能听到并看到被测用户？如果有观察人员在其他房间观察或者你准备在测试过程中录音，那这一点就尤其重要了。

虽然我们想说每个测试都应该在使用产品的真实环境下进行，但是我们知道这并不总是可能的。然而，在实验室中重现某些干扰和非最佳环境设定是可能的。比如，要测试机场环境下的使用情况，不用去机场，可以去航站楼录音，然后在测试时播放这段录音。考虑做一些道具，找些群众在周围走动，等等。不过要记住，大多数情况下，对实际用户和实际用例进行测试比在实际环境中测试更为重要。

为失败场景做设计

通常，伤害并不是由设计造成的，而是由于设计师忘记了特殊用例而造成的。没有哪个产品是完美的：总是会有漏洞、不完整的页面、被遗忘的元素，或因外部因素而引起的小错误。所以，考虑失败的场景是很重要的。至少，每个产品都应该有应对以下情况的策略。如果发生了这些情况，会怎样呢？

- 没有手机数据？
- 应用或软件崩溃了？
- 设备崩溃了？
- 没有 GPS 接收器？
- 服务器挂机了？

如果你在设计网站，一定要确保 404 页面足够清晰并且有用。这也是展示创意的好机会。想想你的产品空置页，不仅包括新用户页面，还有用户清除数据后的页面。要确保始终有明确的错误提示，不仅要解释问题本身，还要提供下一步操作的建议。另外，错误提示的语气不该让用户感觉出错是他们的责任，或者错误是他们造成的。相反，这些信息应该传达出我们的同情以及我们负责任的态度。聊天应用 Slack 就是个很好的例子，它的错误提示很清楚，并且提供了下一步操作的引导（见图 4-9）。

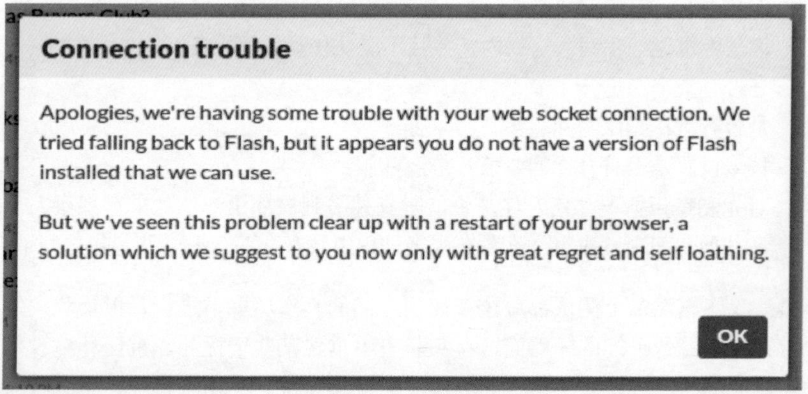

Connection trouble

Apologies, we're having some trouble with your web socket connection. We tried falling back to Flash, but it appears you do not have a version of Flash installed that we can use.

But we've seen this problem clear up with a restart of your browser, a solution which we suggest to you now only with great regret and self loathing.

OK

图 4-9
Slack 的截图。"连接出错"的错误提示就是一个很好的例子，它的文案明确说明了是什么地方出错了、该如何修复，并且给予了用户一丝同情，体现了软件背后有人文关爱

错误状态的重要性

来自加拿大渥太华的设计师 Serena Ngay 讲述了她最近为技术所伤的故事。

最近我亲身体会了设计中的残忍……

2015 年 3 月 27 日。一个普通的星期五变成了我生命中最糟糕的一天。午餐会期间，我接到了父亲的电话，他的声音听起来很害怕。我的妹妹已经和癌症抗争了很多年，现在病情危急，医生说他们已经无能为力了。妹妹在多伦多的医院里奄奄一息，我不知道她能不能等到我回去看她。

渥太华距离多伦多 450 千米，开车大概需要 4.5 小时。

当我们在高速公路上的时候，我接到了妹妹的电话。她正在用 FaceTime 跟家人和朋友一一道别。妹妹跟我说的最后几句话竟然是通过 FaceTime 来传

递的。我感谢技术的进步，因为它我才能够通过口袋中的手机去经历如此重要的时刻。但是我也知道了技术有多么残忍。

我们的通话断断续续，错误提示不停地弹出来……

我记得 FaceTime 刚发布的时候，有个商业广告描绘的是一个心情愉悦的朋友给另一个心情愉悦的朋友打电话。但如果通话双方的压力都很大，情绪都很激动的话，这个场景又会是什么样呢？

试想一下这个画面：我们开着一辆租来的汽车，高速行驶在 401 公路上，此时离多伦多还有 4 小时的车程。我的母亲坐在后座上一直在哭泣，她旁边的小狗也很焦虑，我坐在副驾驶座上研究着我这部"愚蠢"的手机，试图弄明白这些错误消息是什么意思。我不清楚这个问题是什么，也不知道如何修复它。

"无法使用 FaceTime"？这是什么意思？是否是连接的问题？我需要更改设置吗？……她走了吗？

在那一刻我意识到了：这是设计的问题（见图 4-10）。

图 4-10
FaceTime 的错误提示并没有告诉用户下一步应该怎么做

我确信 FaceTime 的设计师从没考虑过这个用户场景。但事实是 FaceTime 的设计师和我们并没有什么不同。

总结

我们应该多问几遍："如果……，该怎么办？"如果用户这一年过得很糟糕，怎么办？如果用户用我们的服务办了一场丧事，怎么办？如果用户用我们的工具建了一个悼念小组，怎么办？如果顾客在我们网站上订购了一些看似可笑，但对他们来说情感价值很高的商品，怎么办？思考这些问题对我们来说有点难度——我们喜欢思考如何去取悦我们的用户，但是人们想要的远不止是愉悦，人们更欣赏的是友善、尊重、诚实和礼貌。

我们经常忽略情感伤害，因为它看不见摸不着。既然你已经意识到了，那以后发现它的时候一定要指出来！本书中提到的大部分伤害都不是有意为之的，而是没有考虑到这些后果才造成的。提出这些问题也许就能够让你的公司做决策时避免造成情感伤害，尊重用户的情感。至少在你工作的地方，这会变成一个重要的话题。用户也许不会一直站出来说话，但是你应该站出来为用户说话。

重要结论

(1) 以用户为中心的设计非常有效，因为它鼓励我们在设计前去学习、研究，并真正地了解用户。只有我们了解了他们的需求和动机，才能为他们设计出好的产品。设计一个产品并希望用户有与产品功能相一致的需求，这是行不通的，只会适得其反。

(2) 当开发一个具有庆祝、回忆、提醒纪念日、猜测需求等作用的功能时，要确保用户可以退出这个功能，否则用户就会被迫去接受一些伤感的提醒。

(3) 避免将情感变化与数据库中的状态变化混淆。我们不应该将按钮上的文字和用户真实的情感状态相关联。不要低估与操作关联的符号的力量。笑脸、大拇指、点赞、星星、爱心都承载着大量的情感。

(4) 为了避免引起悲伤，在你的团队中指派一名"悲伤体验官"，组织一些关于灾难性场景的头脑风暴，时刻思考错误状态，并考虑改变一下习以为常的用户测试设置，以此重现一些紧张的场景。

对 Maya Benari 的访谈

以下是对 Maya Benari 的访谈，她是 18F 公司的设计师兼 Web 开发工程师，也是 Code for America 的前成员。

1. 你如何看待影响人民的糟糕设计？

糟糕的设计会伤害我们所有人。如果某个设计糟糕到你甚至无法完成任务，那就是个问题了。

试想一个刚从战场上回来的老兵，想要利用 GI Bill（美国军人安置法案）找一所自己负担得起学费的大学，但不知道如何在复杂的网站上找到合适的学校。

试想你的家人在另外一个城市病倒了，而你无法快速通过护照更新程序及时去看望他。

试想在美国有成千上万的人试图摆脱贫穷，为了得到帮助，他们艰难地填写着各种令人困惑的表格。

这些例子有一个共同点，就是让你感到无能为力、沮丧、无助。本应该为你提供帮助的系统却成了你的拦路虎。

2. 你和你的团队是如何帮助解决这个问题的？

18F 是政府创立的一家民事咨询公司，帮助各个政府部门快速部署易于使用、成本合理且可重复使用的工具和服务。我们正在由内而外地转变政府，我们与各政府部门内希望为公众提供优质服务的团队合作进行文化变革。

我们是各部门可信赖的合伙人，帮助他们改变管理和向公众提供服务的方式。

为此，我们会做到以下几点。

- 把公众的需求摆在第一位。
- 以设计为中心，敏捷，开放，以数据为驱动。
- 尽早并经常部署新的工具和服务。

政府被数百年的历史和遵循过时法律的压力束缚着，因而其构建的网络体验相对官僚化，并不是为了满足人的需求。21世纪重生的民主价值意味着触手可及、有求必应、有代表性、简约并有效的服务。在界面设计和内容设计中，简约都是关键。通俗易懂的语言和良好的用户体验能让用户在第一次阅读内容或使用服务时就理解它们。

美国人民应该影响数字化服务，反过来数字化服务也应该影响政府的政策。最近有个例子：奥巴马总统提议设立一个大学排名系统。但调查显示人们并不需要排名，他们只想要准确的资料。18F和美国数字服务（US Digital Service，USDS）团队与教育部合作建立了一个网站，公布了一些数据，比如学生毕业10年后挣多少钱以及如何偿还大学时期的学生贷款。尽管有（总统的）政策建议，但他们最后还是以用户的关注点为主，改变了原本要构建的内容。

3. 你是如何为政府设计的？

在进入18F公司做设计之前，我刚在Code for America完成了为期一年的研究工作——与圣安东尼奥市合作，借助技术的力量去帮忙解决社区问题。在此之前，我为创业公司、设计工作室、非营利性组织以及娱乐行业和医疗行业做过设计和开发工作。我觉得为公益做设计是唯一值得做的事情。

4. 你认为设计将如何改善人民与政府之间的互动？

优秀的城市设计的核心在于可获得性。无论环境、设备、位置如何，所有人都能够获得政府的服务和信息。好的设计能确保这一点。这意味着人们可以更快、更轻松地获得帮助。

我记得Jennifer Pahlka在2015年Code for America的峰会上说过："现在的障碍并不是技术方面的。你拥有一支超强的团队，成员们都非常了解政策、法律、法规，并且他们都是国内最优秀的人。**但你的组织结构并不是为了了解用户使用你的服务时的体验而设定的。**"

设计可以通过与公众进行清晰且开放的交流来改善人民和政府之间的互动。了解了人民使用公共服务时的体验，我们就可以设计并建立更好的系统来满足公众的需求。

5. 设计师如何能帮助政府做得更好？

设计师应该直言不讳，让更多人知道那些不常听到的人民心声，从而帮助改善政府工作。设计师应该让不同背景、不同种族、不同地区、不同性别、不同收入水平、不同年龄以及不同经验水平的人参与到设计过程中。从最初的用户研究访谈到原型测试，政府服务应该为美国人民构建，由美国人民构建。

为了完成这个目标，我们要与所有相关人员合作。不会有身穿闪亮盔甲的骑士来挽救败局的。我们要一起合作解决难题。

设计师可以直接申请来政府工作，可以来我们的数字联盟，包括 18F、USDS、各政府部门的数字服务团队以及总统创新奖学金项目组。既可以在短期内提供帮助，也可以长期提供帮助。私营企业的设计师也可以在 GitHub 上为我们的工作出一份力。我们承诺从一开始就公开我们所有的工作。

6. 外行如何帮助政府改善设计？

有时候只需开始一段对话。如果有兴趣帮忙，那么你可以：

- 分享一些反馈信息
- 参与调查
- 参与用户研究
- 在 Twitter 上 @18F
- 写下你使用政府服务时的体验
- 在 GitHub 上提出问题

我们所有人都可以出一份力。我们特有的能力、天赋和视角能让国家变得更伟大，也有利于解决当代人面对的难题。我们一起努力吧。

7. 在政府中做设计需要什么？

在政府中做设计和在其他行业做设计没什么区别。要想成功，你要有同理心、耐心和灵活性。当然，我们的设计会有更多的限制，因为我们需要根据法律多做一些事，而这些事在私营企业可能被认为是锦上添花。比如，为了无障碍性设计，我们必须确保采用良好的色彩对比度，使得页面上的每个元素都可通过键盘访问。所以说到同理心、耐心和灵活性，自然有些核心关注点。

在政府中做设计，你需要有同理心。

- 对政府雇员的同理心。很多政府雇员都面临着变革的阻力。他们以服务大众为使命，但多年来一直有人告诉他们，他们没有能力更好地服务大众，或者让他们不要去尝试一些新鲜事。他们尽自己最大的努力把事情做好，并且有丰富的经验，知道如何更好地服务大众。

- 对政府结构的同理心。官僚化结构的建立是为了保护美国人民。你不希望美国政府拿着你的社会保障号开玩笑吧。但这些结构会阻碍有效技术的构建，除非你努力去了解这些结构背后的意图。了解官僚机构，并与他们的目标保持一致，这样你就能在恰当的时机提出新的解决方法。
- 对政府服务对象的同理心。你不知道服务的另一端是谁。他们可能精疲力竭也可能悠然自得，可能用着高速网络也可能是低速网络，可能说着流利的英语也可能说着结结巴巴的英语。重要的是，服务是面向所有人构建的。

在政府中做设计，你需要有耐心。政府的办事效率往往很低，所以你需要有耐心和毅力。在政府中工作很难，但也会有意想不到的回报。

在政府中做设计，你需要灵活：愿意尝试新方法，与你意想不到的人合作，或快速做出一个能胜过千言万语的原型。

8. 如何避免设计出会造成伤害的东西？

做到以下几点，你就可以避免设计出会造成伤害的东西。

- 意识到我们都有偏见，并且努力克服这些偏见。
- 了解网站和无障碍性标准。
- 对不同年龄、不同种族、不同地区、不同兴趣、不同能力、不同性取向的人进行访谈。

9. 对你来说，技术的目的是什么？

技术是工具。它就像个大杠杆，可以连接人、地点和事物。技术是推动者，它创造了一个公平的竞争环境。技术也有黑暗面，因为它会加剧偏见。每个工具都带有创造者的印记，因此每个工具也都带有特定的假设。重要的是问问自己这些假设是什么，这些工具又是怎样影响结果的。

比如，我假设每个人都有一款连接高速网络的智能手机，是不是因为我口袋里就有这么一款？或者相反，他们使用价格低廉的手机，乘坐网络连接很差的地铁，而且流量也有限制，是不是因为这就是他们所能负担的？

你不应该单单依靠技术。不要通过分析数据去决定服务是否有效，要亲自去观察人们如何使用这项服务。不要花费数月时间和数百万纳税人的钱去开发新的数字工具，可能你需要做的只是提供一个更好的图表。

10. 为了使世界变得更美好，设计师能做什么？

设计是用来解决问题的。"design"这个词来自于拉丁语"de signare"，意思是"标记出来"。我们可以把想法付诸实践或行动。想出新方法去解决老问题，我们就能重塑我们生活的世界。

我们可以开发一款三明治评分应用，或者帮忙改善人们的生活质量，这由我们自己选择。当我们将关注点转移到服务、目的以及解决人类的问题上时，设计就能让世界变得更美好。设计师通过转变、传递、简化以及帮助人们实现目标来拯救世界。

作为设计师，我们可以通过自问以下几个问题来在社会中发挥积极的作用。

- 成为一名积极参与的市民意味着什么？
- 世界所面临的各种问题中，我能帮忙解决的是哪个？
- 我做过什么让世界变得更美好的贡献吗？

如果看到我们的国家正朝着我们不满意的方向前进，作为设计师，我们是要负责任的。

参考文献

[1] Schiffman, Betsy. Twitterer Takes on Twitter Harassment Policy [J/OL]. Wired, May 22, 2008.

[2] Warzel, Charlie. "A Honeypot for Assholes": Inside Twitter's 10-Year Failure to Stop Harassment [EB/OL]. BuzzFeed News, August 11, 2016.

[3] Kuang, Cliff. How Airbnb Evolved to Focus on Social Rather than Searches [EB/OL]. Co.Design, October 2, 2012.

[4] Eveleth, Rose. Your Brain Now Processes a Smiley Face as a Real Smile [EB/OL]. Smithsonian.com, February 12, 2014.

[5] Churches, Owen, Mike Nicholls, Myra Thiessen, Mark Kohler, and Hannah Keage. Emoticons in Mind: An Event-Related Potential Study [J]. Social Neuroscience 9:2 (2014): 196–202.

第 5 章

用户受排斥

在不断创新和强化技术之时，我们可能也将其变得更复杂和更昂贵了。不幸的是，这会导致很多人被排除在技术受益者的范围之外。正如我们之前所说，设计是通往技术彼岸的桥梁，而这座桥梁的可用性是由我们定义的。要使桥梁具有较高的可用性，我们要确保遵守以下规则：

- 每个人都**可使用**；
- 每个人在过桥时都感觉**受到了欢迎**，并且**有安全感**；
- 桥梁的使用要做到**公平公正**。

如果设计了一项不遵守这三条规则的技术，就会造成伤害，而这种伤害与前几章中描述的伤害类型完全不同。如果有一群人不能过桥，那么这就是对他们的排斥：他们在社交、政治、经济和创造性上会落后。他们错过了技术能带给他们的一切。

本章，我们将从三个角度看看糟糕的设计是如何排斥用户的：无障碍性、多样性或包容性，以及公正性。我们为公司或为客户做方案时，会给出最佳实践及具体的理由。我们将研究一些关于设计导致了不公平的案例，接着提供一些补救办法。和本书中的所有案例一样，我们以批判性的眼光去看待这些设计错误是为了吸取教训，而不是指责这些决策背后的组织、公司或者设计师。

直观的设计方便使用技术

Jonathan 要给我们讲个关于他岳父岳母的故事。

我永远不会忘记那一刻，我真正认识到了设计给予人类的力量，而且很多人在等着优秀的设计去帮他们使用技术。一个周末我去探望岳父岳母，岳父让我帮他解决一些关于计算机的问题。他的计算机是一台老式台式机，运行 Windows XP 系统。在我重新熟悉这套系统的时候，他就坐在我旁边，很认真地看着，手里还拿着笔和纸。他想要学的只有很简单的几件事：在 YouTube 上看视频并开启字幕；收听广播；学习他最爱的科学和历史相关的知识。我花了几分钟给他解释在哪儿能找到浏览器、在哪儿输入 URL 地址、如何搜索，然后让他试试操作鼠标和键盘。我看了下他的笔记，我震惊了，我以为很简单的任务，他却记了好多个步骤。他甚至还记录了如何开机、如何登录以及如何移动鼠标。我又观察了下他使用计算机的情况，他用得很费劲。他不停地道歉。其实他并不需要道歉。他成长在伊朗的一个小渔村里，直到最近才接触到计算机。我岳母对计算机更熟悉一些，她走了过来，用我岳父的母语波斯语给他解释了一遍。

回家后，我决定给他们买台新的笔记本计算机，微软的 Metro 界面让人感觉很友好。我以为他们会更容易操作计算机了，因为计算机的运行速度变快了，而且界面也更友好、更现代了。笔记本计算机送来后，他们都非常兴奋。我们围在一起，启动了计算机。但兴奋劲儿很快就消失了，因为计算机的初始化设置就让我们研究了很久。我给他们演示了各类"卡片"（card）以及如何将应用固定在任务栏中。几周后我回去，发现笔记本计算机已经被闲置在角落里了，不再使用。他们说这台计算机实在太让人困惑了。我觉得自己辜负了他们，没能让他们享受科技所带来的大量好处，反倒让他们感觉离科技更远了。岳父还让我不要为此烦恼，这都是他自己的错。

大约一周之后，他们的手机合约到期了，我们决定给他们各买一部 iPhone 手机，但是那天太忙了，没能给他们演示如何使用手机。我们只是给他们设置了 iCloud 账号，然后就走了。下一周我们去探望他们的时候，我惊呆了。岳父正在看 YouTube 视频，还开启了字幕。他还给我看他找到的波斯语电台应用。他们俩下载了很多波斯语的应用。我没有花时间教他们，但他们自己经过探索便学会了。如果这还不足以说明问题，还有我那 97 岁的奶奶，她不久之后也来到了岳父岳母家。吃过晚饭后，她拿出了她的 iPad，这出乎我的意料。我发现她很喜欢玩游戏、读书、看家庭照片以及看视频，并且是用自己的母语。

我从没想过我的奶奶可以做到这些，她出生于 20 世纪 20 年代末，那时还没有彩色电视机，没有雷达，甚至连透明胶卷都还没出现，如今她竟然在使用 iPad ！这只需要设计和界面简单易学。在 iOS 系统和触屏界面中，用户只需凭直觉就能使用技术，获得大量的信息、无数的工具以及与世界接轨。科技让这些人参与到了之前他们无法接触到的社会活动中。在此之前，其他人都得到了技术的好处，而他们却被排除在技术之外，落后于人。

无障碍性

> 包容性设计（inclusive design）、为所有人设计、数字融合（digital inclusion）、通用可用性（universal usability）及其他类似的设计理念都是为了解决各类技术使用上的问题，以便各类人群都能使用，无论他们的能力、年龄、收入水平、教育水平、地理位置、语言水平如何。无障碍性重点关注有障碍人士——在听力、认知、神经、身体、语言、视力方面存在缺陷的人。
>
> ——W3C Web 无障碍性倡议

虽然无障碍性的最佳实践已经建立很多年了，但是能够满足哪怕是 Web 内容无障碍指南（Web Content Accessibility Guidelines，WCAG）中最低一致性标准的网站也没几个。这份指南是由万维网联盟（W3C）制定的，W3C 是一个开发 Web 标准的国际性机构。一致性标准有三级：A（最低）、AA、AAA（最高）。

很多公司都是事后才想起有障碍人士的，因为他们错误地认为这群人只是其客户群中的很小一部分。所以，有障碍人士经常无法享受技术所带来的好处。公司，尤其是创业公司这样的小公司，认为自己没有资源做额外的工作来满足所有用户。这种根深蒂固的思想致使公司不仅将有障碍人士排除在外，同时也会错失满足有障碍人士的需求所能带来的高收益。

无障碍性设计的理由

在深入探讨设计师所需进行的无障碍性思考之前，先看一下为什么我们的服务要做到无障碍性，以及哪些人会因此受益。

它会影响很多人

我们来看一些关于有障碍人士的数据。根据美国人口普查局的报告，"2010年，美国大约有 5670 万人有某种残疾，占美国总人口的 19%。根据残疾的宽泛定义，其中一半以上的人报告称自己是*严重残疾*"。[1]（注意一下，这仅仅是美国的数据，而且有些人可能是多重残疾。另外，这些数据是公民自己上报的，这意味着真实数据可能比这还高。）

虽然在不同的资料中这个数据的差别很大，但我们必须承认，残疾人的比例远远高于我们根据周围情况猜测所得的比例。原因很简单，残疾人不会到处炫耀自己的缺陷。此外，他们常常被设计得非常糟糕的服务、环境和工作场所区别对待。

下面是更详细的关于各类障碍的数据。不同的缺陷和障碍都会影响人们与设计互动的方式。

视觉障碍

根据视力健康倡议（Vision Health Initiative），在 12 岁及以上的美国人中，大约有 4% 自述有视觉障碍（视力为 20/50，即 0.4，或更低）。

色盲

有 4.25%（大约是 8% 的男性，0.5% 的女性）的美国人口患有色盲症，可能是单色盲、全色盲，或其他变异型色盲症。

听觉障碍

在 12 岁及以上的美国人中，大约有 13% 双耳听力都有问题。

读写能力

大约有 12% 的美国成年人无法阅读，即读写水平"低于标准"。

其他身体或认知缺陷

除了以上数字，我们还要考虑所有存在其他身体、神经或认知缺陷的用户，包括 1990 万抓举有困难的人，1550 万难以生活自理（比如做饭、打电话等）的成年人，以及 240 万患有阿尔兹海默病或痴呆症的老年人。

对企业有好处

根据以上数据可以想见，如果你的公司不遵循无障碍性指南，就可能会将很多潜在客户排除在外。使用你服务的人越多，你的潜在市场就越大。

通过与盲人交谈我们发现，一旦他们找到了一个服务或者一个网站，并且用得很顺手，就会产生依赖，并成为忠实用户。无障碍性网站的用户留存是非常好的。

你的企业在其他方面也会因无障碍性措施而获益。如果你的内容可被屏幕阅读器读取，那么搜索引擎的"爬虫"（专门爬取网页内容，然后生成搜索结果）也能读取。简单来说，这对你的搜索引擎优化（SEO）非常有利。如果你的 SEO 做得相当好，那么用户搜索相关的关键字时，你的产品就会排在第一页，你也不需要再花那么多钱打广告了。

对每个人都有好处

如果这对残疾人有好处，那么对每个人也会有这样或那样的好处。人行道上的残疾人专用斜坡就是个很好的例子。虽然它是专门为坐轮椅的人设计的，但对一些推婴儿车的家长来说也很有用。对一些爬楼梯有困难的老年人来说，它也是非常有帮助的。对任何推着自行车、推着购物车、冬天用雪橇拉孩子（在下雪的城市，这很常见）的人来说，它也同样有用。这只是众多例子中的一个。有很多只对于一小部分人来说必要的功能，最终基本上让所有人都受益了。

很多情况下，Web 上的无障碍性措施对健全人也有好处，比如那些网速很慢的用户、暂时性残障（如手臂骨折）的用户，以及因年龄增长而能力退化的用户。

是法律要求的

这一点相当简单：在很多国家，法律强制要求网站具有无障碍性。

就是一件应该做的事

关于无障碍性的争论让我们想起了环保行动。回收再利用是个很好的商业活动，但有时它只不过是号召大家不要破坏环境。

我们可以花些时间去说服每个人，在无障碍性上投入时间和精力是有意义的。但也许我们根本就不需要给出理由。即使从商业角度来说在无障碍性上投入时间和精力没有意义，但**这就是一件应该做的事**。

将你的服务无障碍化

将网站无障碍化的过程可能很简单。这取决于内容类型（文字、图片、动画、视频等）、网站的规模和复杂性，以及建站所用的工具。如果你的网站严重依赖外部服务或插件，让它完全无障碍化会很困难。如果在开发和设计早期就做了规划，那么许多无障碍功能实现起来就很容易了，而且有很多资源可以帮助开发人员满足无障碍的标准。这里我们重点介绍一下设计师能做以及应该做哪些事情。

不要靠颜色来传达信息

首先要考虑的就是颜色了。不要将颜色作为唯一的区分方式。相反，可以使用颜色去补充说明一些可见内容。在导航菜单上使用不同的颜色去突出选中项就很常见。在这种情况下，很容易简单地将文字变成粗体、斜体或者加下划线来表示激活状态，或者是表示与列表中其他元素不同的状态。我们也经常遇到一些财务数据，其中使用红色表示亏损[1]，但没有其他标识能说明这个数字是负的了。对于红绿色盲患者来说，这会给他们造成很大的问题。带有统计图表的展示图也常有这个问题。对于柱状图，除了颜色之外还可以填充上不同的纹理，这就能解决问题了。对于折线图，除了颜色之外还可以使用不同粗细的线条或不同的样式，如点线、虚线等（见图 5-1）。

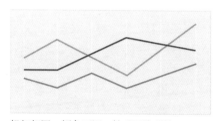
粗细相同，颜色不同，缺乏无障碍性

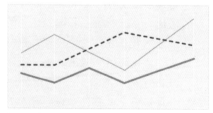
粗细、样式、颜色都不同，具有无障碍性

图 5-1
图表无障碍性的对比。左图是只用颜色来区分的典型折线图。右图增加了虚线样式并改变了线条的粗细，对色盲用户来说更加易读

注 1：美国标准是绿色表示盈利，红色表示亏损，与中国相反。——译者注

无障碍功能的一个例子是热门的颜色消除类游戏 *TwoDots*。设计师在其中增加了一个设置，开启后会在彩色小点上增加图形。我们觉得这不仅看起来很不错（见图 5-2），而且非常有用，甚至对健全人来说也很有用。

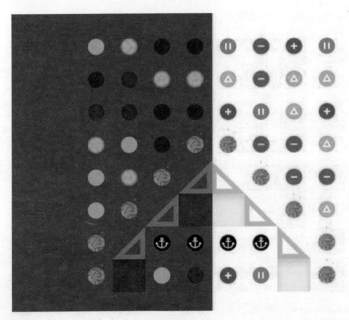

图 5-2

TwoDots 应用。右边为无障碍模式，不仅很好看，而且对每个人来说都很有用

选择对比度高的文字颜色

考虑一下"背景色和前景色"的对比。当使用彩色文字时，需要给出文字颜色与背景色的对比度值。根据 WCAG 一致性标准，这个值是比较高的。我们建议使用一些工具去计算网站的对比度值。一个简单又有效的工具是 Color Contrast Check，是由加拿大 Web 开发者 Jonathan Snook 开发的，他一直提倡无障碍性。我们经常听到设计师抱怨说，颜色对比度限制了他们的创造力。他们认为满足标准的高对比度颜色还不够多。这的确限制了一些可能性，但还是有大量颜色组合可供选择的。另外，也可以加大字号，这样可以使用对比度值低一些的颜色组合，同时又满足标准。我们非常喜欢 Colorsafe 网站，这个网站提供了很多无障碍性的调色板选择（见图 5-3）。

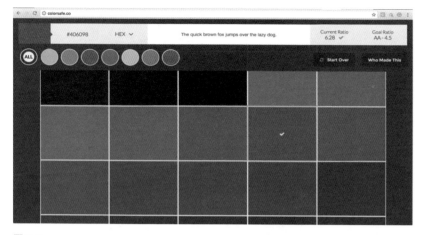

图 5–3
Colorsafe 网站给出了在不同背景色下都可用的无障碍性调色板

颜色选择只是无障碍指南的一小部分。接下来要采取的步骤取决于内容类型。

使用替代文本

确保网站上的每张图片都含有替代文本。复杂的图片旁应该有详细的描述，比如有图题，或者在前后段落中有描述性摘要。对于那些有视觉障碍、需要依赖屏幕阅读器上网的人来说，替代文本很重要。他们无法"看到"图片，但可以"听到"图片的描述。纯装饰性的图片不需要替代文本。但大部分情况下，要确保那些必不可少的替代文本描述得足够清楚明了。举个例子，某购物网站展示了同一件 T 恤的三张图片，那么每张图片就应该有不同的替代文本，详细说明图片中展示了什么。可能是这样的："穿着绿色 T 恤的男子""折叠在抽屉中的绿色 T 恤"以及"绿色 T 恤的背面"。不要仅仅写出图片中商品的名称，否则用户可能会错过图片想传达的重要信息。在这个例子中，根据第一张图片的描述，明显可以知道这是一件男式 T 恤，如果替代文本只是"绿色 T 恤"，那盲人用户可能就不知道这是一件男式 T 恤了。

不要把文字嵌入图片

另外一个糟糕的点子是把文字直接放在图片中。虽然现在不流行把口号文案放在按钮上了，但我们还是会经常看到 banner（或网页上的大尺寸横幅图片）上有口号。如果因为平台不允许你通过代码将文字叠加到图片上，所以你不得不将文字直接合并在图片中，那么一定确保替代文本与当前内容始终保持一致。这一点非常重要，因为这些大 banner 往往是用来促销折扣商品的，你绝不希望有人错过了这些促销信息。

为超链接提供语境

始终为超链接提供语境，意思就是要避免使用"点击这里""更多""继续"这样的链接文案。"要获取列车时刻表，点击这里"应该写成"查询列车时刻表"。确保超链接本身就能被理解。

简化文本内容

减少文字数量，避免不必要的副词，让你的句子更精练。如前面讨论的，美国的识字率低得惊人。除了读写能力差的人，还有很多用户浏览的是非母语网站。使用过多的文字并不会显得你很聪明，只会让更多人无法理解。海明威编辑器是一个很不错的工具，能够检测你的内容需要几年级的水平才能理解。为了尽可能地包容，目标应设定在五年级或以下。另外一个比较好的资源是"简明语言行动和信息网络"（Plain Language Action and Information Network，PLAIN）网站。其倡导在政府交流中使用简明的语言，但其建议和指导对其他人来说也很有价值。

避免使用自动轮播图

网站上不应该使用轮播图。首先，读写能力差的用户还没读完，内容就切换了。其次，对于那些依靠屏幕阅读器的用户来说，他们很难定位到图片。引用著名专家 Jakob Nielsen 的话来说："自动轮播样式和折叠面板样式会干扰用户，还会降低可见性。"[2] 如果你目前的网站已经采用了自动轮播样式，那么要确保用户至少可以暂停。另外，增大操作区域：图片底部的小圆点不好操作。很多测试表明，轮播图不仅表现不好，而且人们也很少点击这些图片。用户往往会略过，因为它们看上去太像广告了。把它们换成静态的内容可能会对你的公司和用户更有用。

设计无障碍性表单

表单是网页上必有的部分，用于登录、注册、沟通、购物结账等。有些设计师一直在尝试做新设计。虽然原创设计一直是件好事，但我们认为表单是个例外。把表单标准化了，会更好用。和其他规则一样，每个人都会从结构规范并且可用性很高的表单中受益。为了确保表单的无障碍性，除了其他设计指南外，还需注意以下事项。

- 当用户填写字段时，要保持标签可见。不要把标签放在字段内，除非输入内容时，标签仍然是可见的（见图 5-4）。
- 如果没必要的话，就不要在字段中使用灰色占位符（无论是为了替代字段还是提示格式要求）。屏幕阅读器并不能识别出这些是占位符，反而会制造出更多错误。[3]
- 确保只用键盘和 Tab 键就可以填写完表单。
- 在页面顶部将所有的错误提示分组，并且在出错的表单控件旁重复一遍。确保错误有对应的文字解释，不要只是用红色标记出错的字段。

图 5-4

案例：选中字段时，字段内的标签仍然可见

还有很多指南，但我们决定先强调一些容易实践的。除此之外，每个设计师都应该阅读 W3C 的无障碍指南。这份指南简单易懂，而且值得你花时间去读。

考虑浏览器之外的无障碍性

残疾不只影响人们上网。各行各业的设计师都应该学习无障碍性。想想那些没有考虑左利手的产品设计。虽然左利手用户占了总人口的 10%，但产品设计师经常忽略他们。削皮器、尺子、剪刀、笔记本、开罐器、开瓶器甚至是刀具，左手用起来都很费劲。印刷品设计中同样有不足之处。公共场所的标志可读性不高，将颜色作为唯一的区分方式是非常普遍的。你能想象一张彩色的地铁线路图对色盲来说有多困惑吗？交通信号灯仅仅依靠颜色来区分的话，会有什么后果？一位色盲朋友最近告诉我，对他来说"绿灯"这个词就是一个隐喻，因为他看到的交通信号灯是白色、黄色和红色的。有些城市的交通信号灯使用了不同的形状（见图 5-5）。加拿大注册平面设计师协会（RGD）发布了一份免费的手册，其中总结了标志设计和印刷设计的最佳实践。看看吧，其中有深刻的见解。

图 5-5
加拿大哈利法克斯市的交通信号灯。在加拿大，大部分交通信号灯用特殊的形状来帮助色盲人群

将上网视为一项人权

我们生活的方方面面都要依靠技术，包括工作、教育、政府服务、娱乐消遣、购物、医疗卫生等方面。为了社会的包容性，我们应该设计一个无障碍的网络。因脊柱受伤而瘫痪的演员 Christopher Reeve 曾说：

> 是的，互联网是一个很重要的工具，不夸张地说，它是很多残疾人的生命线。我有 Dragon Dictate[2]。在康复中心的时候，我学会了用声音去操控它。我很喜欢用这个系统跟朋友和陌生人交流。很多残疾人需要独自度过漫长的时间，而声控计算机是一种新的沟通方法，能够防止产生孤立感。

注 2：一个语音识别系统。——译者注

联合国已将上网列为一项基本人权。互联网已经属于公共领域，建设互联网就和规划我们居住的城市一样重要。我们不会或者至少不应该设计一座不方便残疾人的城市，同样我们也不应该创造一个只给部分人使用的网络。在建筑学中，当一个地方只允许某个社会阶层的人进入时，它就称为**敌对建筑**。让我们共同努力，避免创造出一个敌对网络。

激励组织内部的变革

要想在公司中获得盟友，试着定期组织一些关于无障碍性的活动。比如，你可以邀请一位盲人用户来演示一下他们是如何使用你们的产品的。如果你邀请了他们，一定要按照时间向他们支付合理的酬劳。一个月或两个月后再邀请他们回来，看看你们的产品改进得如何。看到有人无法浏览你的网站，你可能会很尴尬，但为了培养意识和同理心，有必要体会一下这种痛苦的感觉。

另一种动员同事来支持你的方法是教每个人如何使用屏幕阅读器。试着让每个人都在计算机或手机上使用一小时的屏幕阅读器。这是一项极具挑战也很有趣的活动，可以两两结对完成。

作为一名设计师，你有能力和责任去激励变革。将产品或服务做到无障碍不仅对组织有好处，还能确保所有人都受惠于技术，没有被排除在外。Web的无障碍性对于创造均等的机会至关重要。当网站、工具、应用、操作系统以及软件都具备了包容性和无障碍性时，它们就能让每个人都参与社交活动，变得独立，并受益于我们大部分人认为理所当然的事。当它们并不具备包容性和无障碍性时，就是有害的，因为它们会加剧不平等，将一部分人排除在外。

多样性、包容性设计和为所有人设计

无障碍性聚焦于残障人士，包容性设计（或通用设计）则解决了更多人的问题，它让所有人都能获得并使用技术，不管他们的能力、年龄、经济情况、学历、地理位置、性别、语言等情况如何。这些概念是紧密相关的，都要予以考虑。

"为所有人设计"对每家公司的意义是不同的。花点时间去了解你的"所有人"都包括谁,这一点很重要。比如,对于一个博客网站来说,"没有Wi-Fi的人"也许就不是你的主要设计对象。但对于电子游戏公司来说,"所有人"代表了一个有特定需求的重要用户群。同样,对于一家专门开发离线产品的金融软件公司来说,为"网速慢的用户群"设计并不那么重要。但对于一个在线产品来说,这一点就很重要。

包容性设计应该要考虑所有**当前**用户以及所有**潜在**用户。在美国,多达13%的人口还未使用互联网。[4] 在中国,这个比例高达48%,而在有些国家则接近90%。³ 据估计,全球有将近40亿的人还未上过网。任何公司在设计时若能顾及这些用户,那么从长远来看将更容易生存下来。设计时应该想想那些网速慢或网络不稳定的用户、浏览非母语网页的用户、通过不同设备访问的用户,等等。

文字,强有力的文字

最常见且最微妙的排斥他人的方法就是通过我们的文字。我们无意识的偏见可能会伤害到别人,但我们并不知道,在使用某个词而非另一个词时,我们无形中筑起了一面高墙。一个简单的代词,有的人可能都不会多看一眼,却有可能会疏远他人或阻止他人参与。**说我们的目标用户包含了谁并不会增强我们的包容性,只会将其他所有人排除在外**。产品文案中的用词可能会让某些人觉得自己并非该产品的目标用户。举个简单的例子,如果我们的营销文案是"他会喜欢的",看到的人就会觉得这款产品是给男士的;如果是"她会喜欢的",看到的人就会觉得这款产品是给女士的。

许多注册表单会询问用户的性别,有些人会有种被排除在外的感觉。大多数表单提供了两个选项:"男"和"女"。对于很多人来说,这两个选项并不能代表他们的生物学性别,因而会有被排除在外的感觉。这也使人们对问题背后的目的产生了质疑。有人也许会问:"为什么他们需要知道我的性别?""他们是不是为了自己的利益而收集我的信息?""这会导致我的体验有所变化吗?"如果我们不需要知道用户的性别,就该考虑将其去掉。很多公司需要这项信息,只是因为他们一直都问这个问题。如果你问这个

注3:本书英文版于 2017 年出版,所以这些数据已经过时。截至 2018 年 12 月,中国的互联网普及率已达 59.6%。——编者注

问题是因为想要知道该怎么称呼用户，那就简单地问："你倾向于哪个人称代词呢？"如果你出于其他原因确实需要这个数据（统计目的等），可以考虑增加一个空白选项；如果用户认为自己不属于男性也不属于女性，可以自己填写。

从基本层面来说，这种偏见会导致顾客流失，造成情感伤害，或者引发人们发一些愤怒的推文，这对公共关系有非常不好的影响。当这种偏见渗透到整个行业和社会中时，将是毁灭性的。它会向那些被排除在外的人传达"你不属于这里"的信号。这些有偏见的文字可能会出现在我们的界面、营销网站以及我们的社区中。

尽管我们不愿意承认，但我们常常是带有偏见的。偏见的一个问题在于我们自己很难发现。这就是我们需要多元化的办公场所以及有一群朋友的原因。我们需要其他的观点和其他人群的直接反馈。我们需要他们把我们从偏见中拉出来。我们越频繁地修正，我们的观点就会越好。我们在选择图片时也存在这种偏见。如果你所有的宣传图和效果图使用的都是核心家庭的范例（爸爸、妈妈、女儿、儿子），会传递出"这个应用是针对某种人的"，让很多人感觉被排除在外了。

再说一遍，性别并不是唯一要考虑的因素。一般来说，正确的做法是避免询问不必要的信息。当你必须要收集某些信息，且大家不懂你为什么要收集时，解释清楚你将如何使用这些信息。另外，谨慎给出问题的答案选项。一个常见的错误是，询问年龄时，给出的选项是：18~25岁、26~35岁、36~45岁以及45岁以上。按照这个分类，47岁的人会觉得该组织认为他们已经老了，因为他们都没有一个属于自己的分类。更明智的做法是增加"46~55岁""56~65岁"以及"66岁以上"。即便你知道这三类用户不会很多，也应该增加这三类，统计最终结果时合并这三个数据不会花你很多时间。

意识到多样性的设计：挑战现状

你可以参与到意识到多样性的设计决策中。这意味着质疑一些看似不重要但又包含在内的事物，从另外一个角度去看待它们。这里有个来自瑞典的例子。

瑞典卡尔斯库加市的一群市政府官员指出，暴风雪过后，他们先铲除汽车道上的积雪，然后才铲除人行道和自行车道上的积雪。观察交通情况后他们发现，这种清扫方式使得男性受益了，而女性受害了，因为男性更有可能驾驶汽车，而女性步行或者使用公共交通工具较多。

通过提高汽车道的优先级，卡尔斯库加市也将男性偏好的交通方式的无障碍性作为了优先考虑的对象。

这项政策设计也伤害了"走路一族"。在医院里，大部分与"冰"有关的伤害都发生在女性身上。通过颠倒铲雪的顺序，他们可以使这座城市更适合"走路一族"，而这反过来也会鼓励更多人使用公共交通，减少交通拥挤，所以从长远来看，对于"司机一族"也是有利的。另外，通过设计一条不同的路线，对所有人来说，包括不会开车的儿童和青少年，这座城市都会变得更加无障碍。[5] 设计师应该在城市发展和政策规划上投入更多时间和精力。

若我们不质疑、不挑战那些惯例，就会有不幸的事发生。在实体产品设计领域中，这很常见。工业设计师根据人体测量学数据来做决策。这些测量表中包含了人体的所有测量数据，比如平均身高、臂长、手掌大小、腕部围度、双眼间距等。然后设计师根据这些信息去确定物体的形状、大小和位置。不幸的是，一些热门数据库是从军人的测量数据汇编而来的。这意味着在这些平均数中有过多瘦高且体格健壮的青年男性样本。另外一个问题是，如今普通男性和女性的身体与 10 年前、20 年前完全不一样了。我们比以前被测量的那些人更高、更健壮了。[6]

虽然使用人体测量数据库比随意设计要好，但也存在风险。众所周知，汽车内饰、工作环境、各类工具以及医疗用品，通常都不太适合女性、不同种族的人、老年人以及肥胖人群。

在医学领域，研究表明，高达 50% 的手术工具都是为男性设计的，对于一些手小的人来说，这些工具太大了，用起来不舒服。[7] 如果有一样工具你希望能完美匹配手型，那一定是手术工具！一个与此密切相关的问题是，某些医疗用品在设计时参考的是白种人的测量数据。举个例子，非洲裔美国人、韩国人及白种人的鼻子和嘴唇大小都是不同的。[8] 这就引发了一个问题，即如何调整那些为特定面部特征所设计的呼吸面罩（见图 5-6）。

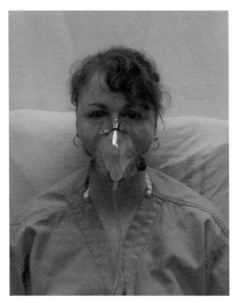

图 5-6
呼吸面罩很难适配各种鼻唇大小的人（照片由医学博士 James Heilman 提供）

我们又发现了第三个让人不安的例子。一些研究人员梳理了美国 10 年来的交通事故数据。他们发现，女性在车祸中的死亡率更高，受伤也更多。系着安全带的女性司机受重伤的概率比男性高 47%，这是因为安全设备的设计都是以男性为参考的。比如，头枕的位置无法很好地支撑女性细小的脖颈。[9]

为一群与自己不同的人做设计时，要确保你这么做有正当的理由。要为在物理上真正不同的事物做设计，而不要为社会感知到的差异做设计。戴尔经历了惨痛的教训后才意识到这一点。2009 年，戴尔向市场推出了一款针对女性用户的笔记本计算机，名为 Della。但女性其实并不需要与男性不同的笔记本计算机。将笔记本计算机设计成粉红色并不算是包容性措施。"女性友好型"车辆，比如 Cosmopolitan 的 SEAT Mii（见图 5-7）也犯了同样的错。它的问题并不在于 SEAT 汽车公司（最终）想要推广女性市场，而是其没有专门为小个子（即女性）用户设计安全功能特性。该公司只是提供了紫色款汽车，并宣称："它能应付所有情况，无论是晚上临时出门还是午后购物之旅。……无论何时，也无论你想做什么，整辆汽车从内到外都能完美配合你。这一切都取决于你……"而沃尔沃在这一方面就做得好多了，2002 年，公司的女性设计师设计了一款针对女性的汽车。她们提出了关于存储空间的解决方案，也对汽车内部进行了处理，使其更适合女性用户。下面是沃尔沃网站上关于汽车特性的描述：

> 开发 YCC 的主要目标是确保无论司机身高多少，在开车时都能坐姿正确，并且视线良好。结果就是 Ergovison 系统（正在申请专利中），它结合了人体工学和最佳视线。

> 汽车经销商会扫描你的全身，然后用这些数据去定制专属于你的驾驶位置。这些数据会以数字化形式存储在你的钥匙中。一旦你坐在驾驶座上，把钥匙放在中央控制台上，座位、踏板、头枕和安全带都会自动调节到适合你体型的位置，为你。这样提供一个完美的驾驶位置和最佳视线。

> 如果你想要修改已存储的座位信息，可以在系统中修改各个汽车组件的设置，然后把这组数据存在你的钥匙上。如果你的视线发生错误了，系统会以全息投影的方式警告你，一个眼睛图标会出现在挡风玻璃和车门之间的 A 柱上。

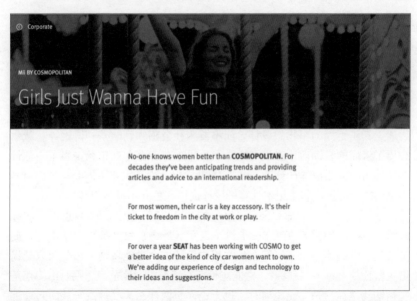

图 5-7
SEAT 公司网站的截图。女孩们只是想要玩得开心吗？我们认为女孩们也想要安全

这是包容性设计的一个很好的方法，并最终让所有人受益。

值得注意的是，虽然这里提到的例子都不是故意设计成这样的，但它们的确导致了部分人群受到歧视。这种无意识的歧视在许多服务、系统、政策、工具，以及建筑和工业设计中都存在。作为设计师，我们可以也应该参与这些设计决策，并对现状发起挑战。

不公正

公正是个很难掌握的概念。这涉及如何理解公正，这是一个热门话题并且受到文化和价值体系的深远影响。所以我们不能把公正定义为具体的目的或价值，而应该是一种**追求平等、公平、合法、道德的目标或意图**。下面将给出几个案例，说明糟糕的设计是如何引发不公正的，并且揭示设计在为需要的人传递正义的过程中发挥了重要作用。

食品券

美国有个帮助低收入人群的项目，就是为他们提供一些商店的食品券。这建立起了一个"安全网"，让市民们能够获得安稳，并帮自己和家人改善生活。它被称为"补充营养援助项目"（SNAP），但通常也被称为"粮票项目"。2015 年，多达 4540 万美国人申请了这项援助。他们依赖这项服务来为自己和家人供给食物。我们来看看当他们在网上寻求帮助时面临了什么问题。搜索食物援助案例时，我们发现了 4 个糟糕的案例。

看看图 5-8。在亚拉巴马州的网站上，人们该去哪里申请援助呢？他们应该点击右上角的"Get Assistance"（获得帮助）吗？很好的尝试，但这里只提供了网站使用的帮助说明。粮票项目的详情是在"Food and Nutrition Assistance"（食物和营养援助）标题下，但当你点击"View"按钮以查看更多信息时，会出现一个错误弹窗，就好像是用户点错了一样。这个弹窗说用户需要先登录，但是这个页面上并没有可以创建账号或者登录账号的地方。

其他州也没有做得更好。印第安纳州的网站关闭了。在印第安纳州，那些寻求帮助的人就像进了一个死胡同，除了建议"稍后"再试，没有更多关于下一步的有用信息（见图 5-9）。

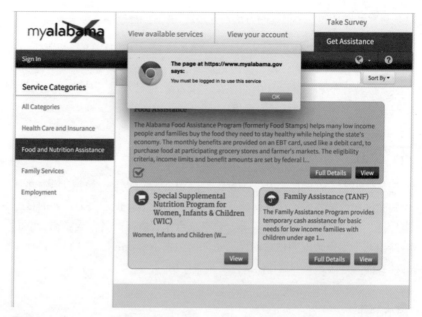

图 5-8

亚拉巴马州获取食物和营养援助的页面。网站使用了警示弹窗告诉用户必须登录才能获得信息

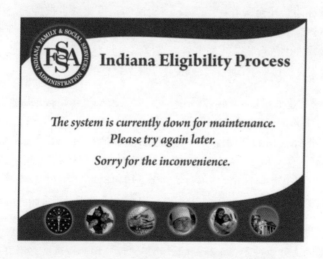

图 5-9

印第安纳州的网站关闭了，需要些时间来维修

艾奥瓦州的网站基本没有样式（见图 5-10）。它像是个错误页面，而非官方的政府网站。另外，它也违反了很多可用性的最佳实践，它的功能可见性几乎为零，也没有信息层级能帮助用户浏览。

IOWA DEPARTMENT OF HUMAN SERVICES

DHS has:

- One application for Food Assistance (FA), the Family Investment Program (FIP) and Child Care Assistance (CCA).

- A separate application form for Medical Assistance.

If you want to go to the Food Assistance (FA), Family Investment Program (FIP) and Child Care Assistance (CCA) application now, you can link to the Medical Assistance application When you are done. To go to the FA, FIP and CCA application now, click here .

If you want to go to the Medical Assistance application now, click here .

Spanish
DHS has:

- A request for food assistance (FA), the Family Investment Program (FIP) and the Child Care Assistance (CCA).

- Another form of separate application for Medical Assistance.

If you want to go to the request for food assistance (FA) Investment Program Family (IFJ) and the Child Care Assistance (CCA) now, you can go from the Medical Assistance application when finished. To go to the request FA, FIP and CCA now, click here .

If you want to go to the Medical Assistance application now, click here .

图 5-10
艾奥瓦州的食物援助网站——看起来就像个错误页面

内布拉斯加州的网站很难浏览（见图 5-11）。需要花些时间才能理解，浏览者必须点击"ENTER in English"（进入英语模式）链接。和艾奥瓦州一样，这个网站的设计缺少信息层级。另外，文字也非常密集，很难阅读。

这些网站都妨碍了人们去获取他们需要的服务。我们发现大多数网站需要用户注册并提供各类信息，比如手机号、地址。但要注意的是，那些寻求食物援助的人可能都没有地址和电话号码可提供。另外，他们能使用计算机和网络的机会也是有限的，可能就是在图书馆里。他们也许都没时间去完成这些额外的步骤。最后，文字信息量太大了！美国的文盲率高得惊人，尤其是在那些需要援助的社区。

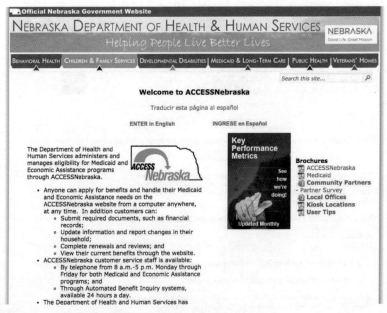

图 5-11

内布拉斯加州的食物援助页面浏览起来很困难

下面是扫盲项目基金会（Literacy Project Foundation）提供的一些数据。

- 3/4 接受救济的人都无法阅读。
- 20% 的美国人阅读能力不足以谋生。
- 16~21 岁的未就业人群中，50% 的人阅读能力不够好，连半文盲都称不上。
- 46%~51% 的美国成年人因为无法阅读，他们的收入低于贫困线。

一个人为了填饱肚子不得不请求援助，已然感到羞耻和不安，又被这样的网站吓到打消了念头，这种痛苦令人难以想象。这些网站可用性标准应该更高，因为他们的服务如此关键。政府需要花费资源把网站设计得清晰易用。

违章停车罚单

除了营利，停车管制的另一个目的是确保每个人都能停车。如果允许一个人在某个地方停太久，其他人就无法光顾该区域的商店、拜访该区域的好友，等等。在一天中某个交通很拥堵的时间段，停车限制可以确保交通顺畅。在城市里关于停车限制的原因、时间段和法律有很多，而且其中有很多限制是有重叠的，难怪人们会感到困惑。有时，还会用到多条法律。多年来，这些限制创造出了各种令人困惑的情况，当人们试图理解所有的信息时，需要记住各种情况下的规则。设计可以在这里发挥重要作用：让市民知道适用的规则是什么以及如何遵守规则。不幸的是，这种可能还没有实现。**停车标志通常比它们想要传达的概念更让人困惑。**遵纪守法的公民可能虽然努力去理解各种限制了，但有些还是无法理解，并受到了惩罚。

像图 5-12 一样，将多个指示牌放在一起是很常见的。人们试着理解信息，来确定他们现在或之后的情况是否符合所写的要求。我们都有过类似的经历：到处转悠找停车位，最后终于找到了一个，然后又花了一分钟阅读所有的指示牌，并确定这里可以停车，但当回来取车的时候却发现车上有张罚单。即使那些识字率够高且能阅读本书的人，也无法理解这些指示牌，何况那些只有小学五年级阅读水平的人或母语非英语的人。

图 5-12
由于有多个指示牌和多种规则，很难判断到底是否可以停车

用户受排斥 | 121

如果你要求一个人遵守法律，那么为了惩罚是公正的，你就必须正确地传达法律，否则惩罚那些愿意遵守法律的人就是不公正的。因为传达很重要，所以设计也很重要。政府需要利用良好的设计去向市民传达信息。当我们思考城市里所有的限制及对应的实施方式时，很容易认为现有的方式就是最好的。有些设计师尝试去解决这些问题（见图 5-13），而且相当成功，但是这些解决方案还没有被广泛采用。设计师 Nikki Sylianteng 勇于挑战，提议将停车指示牌做成时间表形式，使用颜色和图案清楚地说明什么时候可以停车、什么时候免费、什么时候限时、什么时候不能停车。虽然有些人认为，"最初"停车指示牌的设计目标是可见性，但 Sylianteng 的设计目标是清晰。2010 年，她生活在洛杉矶时就设计了这个指示牌，但直到 2014 年在布鲁克林的时候，她才将这些指示牌打印出来，并贴在她公寓外混乱的停车指示牌下面。她在下面留了一个"评价"区域，收集市民的反馈。人们喜欢这个新设计，如今它已经在加州洛杉矶、康涅狄格州纽黑文和澳大利亚布里斯班开始试用了。Sylianteng 的行为完美地体现了约翰·肯尼迪的名言："不要问你的国家能为你做什么，而要问你能为国家做些什么。"设计师要像 Sylianteng 一样，不能等到城市派任务了才去改善设计。

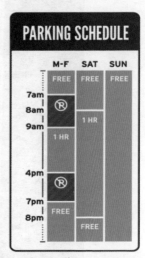

图 5-13
关于停车指示牌的一个建议方案。在 ToParkOrNotToPark 网站上，Nikki Sylianteng 给出了一个针对多个停车限制的简单解决方案

监狱探视权

显然，监狱对犯人家属是很严苛的。即使自己所爱的人做了错事，但与他们分开还是很痛苦的。Jonathan 的一个朋友就遇到了这个难题。他和家人之间的关系非常亲密，家人每周都会去探望他，只有几次没去是因为监狱取消了他们的探视，他们在此之前不会收到任何电话或邮件通知。最糟的是，他们需要开 4 小时车才能到达监狱。家人一路开车到监狱，却被拒绝探视，他们只能再开车回家。预约过程本身障碍重重。网站过于混乱，父母不知道该如何预约。他们的女儿多次尝试后，终于弄明白了。我们来看一下网站，看看我们能否理解这个问题（见图 5-14）。

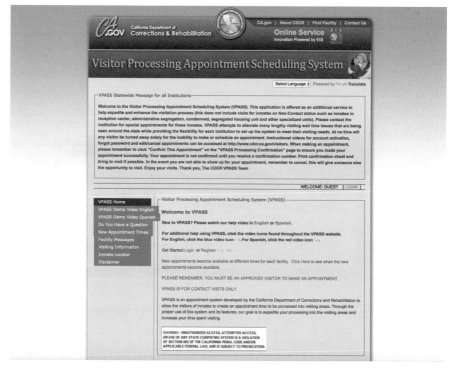

图 5-14

加州监狱系统的预约网站。来访者处理预约安排系统（Visitor Processing Appointment Scheduling System）就像它的名字一样复杂

我们首先看到的是一面巨大的文字"墙"，看上去像是警告信息或者错误提示。（更不要说底部真正的警告了，它警告你不要冒着被起诉的风险去使用其计算系统，这相当令人困惑。）其网站支持使用 Google 翻译，这是个很好的加分项，但所谓的"好"仅限于此。巨大的文字"墙"很难理解，它使用的术语对于法律系统之外的人来说无法理解，这就会造成困惑。在这一大团文字中，我们发现了下面这段话。

> 任何时间，任何访客都不会仅仅因为不会预约而被拒绝。关于账户激活、忘记密码以及编辑/取消预约的操作说明视频都可以在 www.cdcr.ca.gov/visitors 上找到。

这个 URL 并不是一个超链接，必须手动复制粘贴到浏览器的地址栏中。接着会直接跳转到一个新的网站，上面有个"VPASS 账号激活"的视频。点击这个视频后，Chrome 浏览器就会弹出警告（"这个网站不安全"），并且阻止用户进行下一步操作。用户需要点击"高级设置"绕过这个警告，才能继续操作。然后它会下载一个 .wmv 后缀的文件，打开后，会出现另外一个错误提示（见图 5-15）。

图 5-15
QuickTime 中的错误提示。想要看如何操作，最终却只看到一个错误提示

使用苹果计算机或其他没有合适视频解码器的计算机的家庭，无法打开该视频，也就不知道如何去探望他们所爱的人了。最终我们在页面上发现了一个很不显眼的链接，它能带你去注册。注册并登录后，预约仍然困难重重。对于任何想要预约的用户来说，现在面临了很多的障碍。即使他们找到了能帮忙的人，还是会产生过多压力，而他们已经受够这些压力了。另外，鼓励探视犯人不仅对犯人和他的家人很重要，也会减少再犯罪的情况，

从而造福社会。根据加拿大安大略省约翰·霍华德协会的说法：

> 在狱中时，犯人如果有家人或朋友来探访并给予支持，就更有可能在出狱后获得成功。通常这是因为他们保留着重要的人际关系，当他们稍后回到社会中时人际关系是必需的。与家人和社会联系紧密意味着犯人出狱后再犯罪的概率会比较小。[10]

国家的命运

（免责声明：我们与任何政党都没关系）

在 2000 年的美国总统大选中，两大政党的候选人乔治·沃克·布什和阿尔·戈尔之间的竞争非常激烈。两人票数不相上下，有一半的选民投给了共和党候选人，而另一半投给了民主党候选人阿尔·戈尔。在美国，每个州都有一定数量的选票；每个州的选民投票后，获胜的政党就获得该州的所有选票（也就是代表整个州的选民去投票给某人）。投票已经结束，正在清算选票。这是个激动人心的时刻。有些州投给了布什，而有些州投给了戈尔，一直这样不分上下，直到最终决定权落到了佛罗里达州。佛罗里达州一直摇摆不定，这意味着两大政党有着差不多的支持者。最终的结果也显示了二者的差距非常小。那晚宣布布什赢得了佛罗里达州总计 1784 张选票。由于差距太小，按照佛罗里达州的法律，需要自动重新计票。经过漫长的重新计票后，法院裁决：在布什和戈尔的对决中，布什以 537 票的微弱优势险胜，总选票有 600 万。大选之后，争议还在继续。最主要的一个原因是"蝴蝶"选票。这就是因糟糕的设计所引起的问题，这可能会改变整个国家的路线。选票的中间是给选民打孔用的，给哪个候选人投票就在对应的地方打孔。看一下图 5-16，如果你想投给阿尔·戈尔，猜猜你该在哪个地方打孔。

如果你也像我们一样，就会先打第二个孔，然后才看到箭头。根据《纽约时报》，棕榈滩县（位于佛罗里达州东南部）使用了"蝴蝶"选票，可能有多达 5310 人被这个设计弄晕了，无意间投给了 Buchanan。布什的选民也被这一设计弄晕了，但犯错的只有 2600 人。[11]

虽然 Buchanan 因这个错误而获益了，但他在接受访问时说道："大选当晚我看了一眼选票，我一眼就看出有些人投票给我是误以为投给了阿尔·戈尔。"

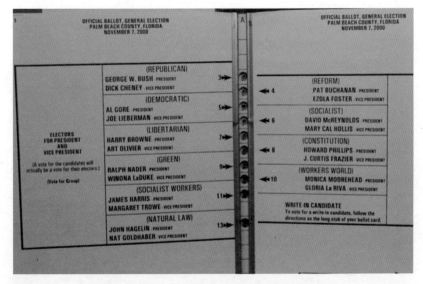

图 5-16

2000 年佛罗里达州选举中臭名昭著的"蝴蝶"选票。打第二个孔并不是给阿尔·戈尔（左边第二个）投票，而是给右边的 Pat Buchanan 投票

另外，有一部分数量不确定的选民发现他们打孔打错了，然后又打了一次孔。这样投了两次的选票是无效的，都被扔掉了。选票的设计令人困惑，即便是只影响了一个人，导致其投错票，也是有问题的。在民主的制度下，每个到了法定投票年龄的人都有权就由谁来执政发表意见。如果反过来，错误的选票都给了民主党，同样也是不公正的。

"蝴蝶"选票的设计有几个主要的失败之处。首先，格式塔分组理论告诉我们，人们认为分在一组的项目是相关的。[12] 在"蝴蝶"选票中，有两个"被感知到"的分组，左边一个，右边一个。所以，给左边第二个候选人投票，却要打第三个孔，会让人困惑。此外，如果用户犯错了，应该很容易更正。选票上没有说明如何使用选票，也没有说明不小心投错人了该怎么做。设计这张选票的人是棕榈滩县选举官员 Theresa LePore。她是不小心设计出来的吗？该指责她吗？实际上，她在做设计时是有为用户考虑的。

Theresa LePore 在接受美国广播公司《早安美国》节目的独家专访时表示："由于我参加了一个针对盲人选民和残障选民的联邦工作组，我对于这些市民的特殊需求尤其敏感。棕榈滩县有很多老年选民，我希望选票对他们来说很易读，因此我做成了两页的形式，现在人们都称它为"蝴蝶"选票。[13]

这让我们想起了一句老话："好心办坏事。"LePore 怀有一颗善心，把用户牢记心头。那她到底是哪里做错了呢？

LePore 对节目的主持人说："人们也需要为自己所做的事负些责任。回过头来看，也许我们应该明确告知总统候选人名单有两页。我不知道这样做是否有效。不过我也不可能回过头去再猜一次了，因为事情都已经发生了。"

她说得对，在设计中，不可能事前就知道哪里错了，也不可能知道用户会如何理解你认为已经表达清楚的信息。这就是用户测试存在的原因。LePore 说她收到了 25 份起诉书，还有很多义愤填膺的声讨信。但真正该指责的是这次支离破碎的设计过程。该州应该招一名知道如何创造有用设计的设计师，而不是依赖一名选举官员。若不重视设计，不优先考虑设计，就会失败，就好像项目期限将至才匆忙着手安全和其他重要的部分一样。在这个案例中，失败带来了可能会改变世界的后果。如果你对选票的设计特别感兴趣，一定要去参观城市设计中心。他们有一些指导，教你如何设计有用的选票。其中很多建议都比较基础（使用小写字母，避免居中样式，使用大字号，支持分页阅读），但也有一些不常见的建议（拒绝使用政党图标，在顶部说明如何修改投票）。请务必在对比原始设计和新版设计的展示柜前驻足查看一下（见图 5-17）。

图 5-17

旧版选民注册表单（左）和重新设计后的表单（右），采用了城市设计中心的最佳实践

当设计妨碍了某件事的公正性，就会产生不公正。作为设计师，我们要设计无形的界面，清除用户与我们所设计的产品或成果之间的任何障碍。设计在我们生活中的很多重要领域都发挥着重要作用。我们依赖良好的设计去传达并实现这些重要的服务。对于设计的作用，我们往往想当然，不够重视，但当设计失败了，设计的作用就显得尤为清晰。我们必须认识到设计在生活中的重要作用和价值，并且要提供充分的资源和正确的设计流程，以确保设计不会失败。

总结

作为设计师，我们要关心用户如何使用我们的产品。如果用户在使用产品时遇到了任何阻碍，我们就失败了，必须找到解决方案。如果你的电商网站没有考虑移动端用户，那这就是个高优先级的问题。如果我们所有的设计决策都排除了某些人，就会发生这种问题。如果我们选择忽视无障碍性，或者忘记我们的用户是谁并且疏远他们，就是没有为建造（通往技术彼岸的）大桥贡献力量。排斥用户是一种失败的设计。良好的设计倾听用户，糟糕的设计则忽略用户。良好的设计会多付出一点努力，确保每个人都开心，而糟糕的设计则会为了实现业务目标而走捷径。良好的设计会假定设计师的观点存在偏见，糟糕的设计则会认为设计师的观点代表了所有的用户。最后，我们不应该等到自己或者亲密的人需要，才去考虑无障碍性的问题。

重要结论

(1) 设计是通往技术彼岸的大桥，而桥面有多宽取决于我们。如果有一群人被挡在大桥入口之外，他们就会在社会地位、经济收入、创造性上落后于人。

(2) 在你的公司中，优先考虑无障碍性不仅会造福残障用户，这也会是个伟大的商业决策。

(3) 最常见的排斥他人的方法是运用文字。我们无意识的偏见会蔓延，我们甚至不知道使用这个词而不是那个词，就会筑起一面无形的墙。

(4) 使用令人迷惑的设计（比如停车指示牌）去传达规则，就会产生不公正。在这些案例中，遵纪守法的市民会（也的确）因为无法理解某些事而受到惩罚，但他们已经非常积极地试着去理解了。

(5) 当信息无法触达有需要的人时，就会产生不公正。可能提供了信息，但很难获得，比如网站浏览起来很费劲，或者使用的语言太复杂。

(6) 美国（和世界上其他地方）的文盲率惊人地高，尤其是在最需要援助的群体中。而设计师往往看不到这些需要关注的人群。

(7) 当设计师注意到某些不好的事物时，不应该等到被委任才去帮忙改善。引用约翰·肯尼迪的话："不要问你的国家能为你做什么，而要问你能为国家做什么。"

对 Dean Hamack 的访谈

以下是对 Dean Hamack 的访谈，他是微软的无障碍研究专家。

1. 你见过的缺乏无障碍性的设计都是如何引发排斥的？

引发排斥的方式有很多种，但最常见的一种错误是开发人员没提供视觉元素的替换文本。比如，视力正常的人理所当然地认为带有放大镜图标的文本框是搜索框。但对于使用屏幕阅读器的盲人来说，如果没有专门的标签，他们就无法知道这是什么。另一个例子是提供了视频，但没有为听觉障碍者准备字幕。

2. 你和你的团队为解决这些问题做了什么？

我们正在做的一件事是建立无障碍性网页控件库，这将成为公司内开发人员使用的标准件。我们还在创建一个关于无障碍性的博客，我们计划之后开放给公众。我们不仅致力于提高自身产品的无障碍性，也会教导外部开发人员如何解决问题，而不是制造问题。

3. 你是如何成为一名无障碍性专家的？

大约 10 年前，我醒来发现右眼视力有些模糊。我去就医，结果发现我的视网膜脱落了。医生预断的结果并不理想，医生让我做好右眼 24 小时内失明的准备。但谢天谢地，全国最好的眼科手术专家正好有空，她帮我恢复了90% 的视力。但这次的经历让我开始思考：如果我突然失明了，会发生什么？我该如何谋生？所以我开始研究无障碍性，它已成为我的一大爱好。

4. 为什么无障碍性很重要？

无障碍性可以让人们独立，这对每个人都是有好处的。当科技可以用来帮助他人克服限制时，就可以让他们变得更优秀。有时我们最伟大的创新就源于那些敢于面对并且突破限制的人。

5. 关于无障碍性设计，你希望设计师了解什么？

只要使用良好的语义标记，就可赢得 90% 的胜利。在适当的地方使用列表、标题和段落。为触发操作的元素使用 <a> 标签或者按钮，而不是使用 div 或者 span。我一直对开发人员说的一件事是，如果去除了所有的 CSS，你的网页应该仍然看起来像是一个格式良好、结构清晰的 Word 文档。如果有一些令人困惑或者混乱的地方，那么它的无障碍性做得还不够好。

6. 对于那些担心没有足够的资源可用于无障碍性的人，你会说什么？

首先，这里面存在一个误解，认为把网站的无障碍性做好需要很多工作，但事实并非如此。如果你遵循了最佳实践，通常只需添加一些 ARIA（accessible rich Internet application，无障碍富互联网应用）属性。其次，从长远来看，不提供无障碍性的内容会让你付出更多代价——不仅失去了客户，还会输掉诉讼，比如 2016 年对 Target 公司提起的诉讼（花费了他们 600 万美元）。

7. 无障碍性设计中，最大的挑战是什么？

最大的挑战就是构建复杂的 UI，比如日历、图表，基本上就是用户不会实际看到，但又需要他们能结合上下文"看到"的元素。另外一个挑战是让同事和客户都认识到无障碍性的重要性，这样每个人才能团结一心。

8. 对你来说，技术和设计的目的是什么？

有些设计师把技术进步看作终点，但对我来说，它永远是一种帮助他人的手段。当我们开始设计某样东西的时候，要问自己的第一个问题不是"我如何让这个东西看起来很酷"，而是"我如何能帮人们更加容易地实现他们的目标"。无论他们的目标是学习、促进沟通，抑或仅仅是娱乐，都没关系。

9. 设计师可以在流程中增加什么，以避免因糟糕的无障碍性而导致的排斥性？

我认为无障碍性并不只是让残障人士更方便地使用网站，而是让每个人都更方便地使用。做到这一点的最佳方式就是从用户的角度出发，在规划阶段就收集用户的想法。还要将无障碍性测试视为 QA 阶段中必做的一项。在微软，经过我们团队的同意，网站才能够发布。

参考文献

[1] United States Census Bureau. Nearly 1 in 5 People Have a Disability in the U.S., Census Bureau Reports [R]. Census.gov, July 25, 2012.

[2] Nielsen Jakob, Auto-Forwarding Carousels and Accordions Annoy Users and Reduce Visibility [EB/OL]. Nielsen Norman Group, January 19, 2013.

[3] Sherwin, Katie. Placeholders in Form Fields Are Harmful [EB/OL. Nielsen Norman Group, May 11, 2014.

[4] Anderson, Monica, and Andrew Perrin. 13% of Americans Don't Use the Internet. Who Are They? [R/OL] Pew Research Center, September 7, 2016.

[5] Gender Equal Snow Clearing in Karlskoga [EB/OL]. Includegender.org, February 18, 2014.

[6] Roe, R. W. Occupant Packaging [M]. In Automotive Ergonomics, edited by B. Peacock and W. Karwowski. London: Taylor and Francis, 1993. 11–42.

[7] Addressing Women's Needs in Surgical Instrument Design [EB/OL]. MDDI, November 1, 2006.

[8] Yokota, M. Head and Facial Anthropometry of Mixed-Race US Army Male Soldiers for Military Design and Sizing: A Pilot Study [M]. Applied Ergonomics 36 (2005): 379–383. Kùu, H., D. Han, Y. Roh, K. Kim, and Y. Park. (2003). Facial Anthropometric Dimensions of Koreans and Their Associations with Fit of Quarter-Mask Respirators [M]. Industrial Health 41 (2003): 8–18.

[9] Bose, Dipan, Maria Segui-Gomez, ScD, and Jeff R. Crandall. Vulnerability of Female Drivers Involved in Motor Vehicle Crashes: An Analysis of US Population at Risk [J]. American Journal of Public Health 101:12 (December 2011): 2368–2373. doi:10.2105/ AJPH.2011.300275.

[10] John Howard Society of Ontario. Visiting a Loved One Inside? A Handbook for People Visiting a Prisoner at an Adult Correctional Facility in Ontario [EB/OL]. Updated July 2014.

[11] Fessenden, Ford, and John M. Broder. Examining the Vote: The Overview; Study of Disputed Florida Ballots Finds Justices Did Not Cast the Deciding Vote [J/OL]. The New York Times, November 12, 2001.

[12] Tuck, Michael. Gestalt Principles Applied in Design [EB/OL]. Six Revisions, August 17, 2010.

[13] ABC News, Butterfly Ballot Designer Speaks Out [EB/OL], December 21, 2001.

第6章

工具与技巧

虽然我们一直在努力说服你，作为设计师，你拥有巨大的权力，也肩负着重大的责任（Ben，再次感谢你！），但我们知道你早已意识到这一点。现在，该你去说服你团队中的其他人了：产品经理、工程师、营销人员、财务部同事。我们推荐你做一些用户测试。这些测试会发现你产品中所有的潜在问题。测试方法有很多种，其中有些比较耗时。但什么也比不上通过真实用户在真实情景下进行的测试，这会让我们知道产品的设计决策产生了怎样的影响。然而，我们的时间和预算都很紧张，无法通过真实用户进行正式的测试。有时候，测试虽然超级有用，但也不能覆盖所有可能的用户场景。最后，即使是最好的结果也需要通过一种令人信服的方式来呈现，否则就会被彻底忽略。

本章将提供一些能够防止设计在无意中造成伤害的技巧。希望这能帮助你证明同理心在企业中的重要性。有些工具拿来就能用，有些则需要资源或者一个团队。虽然运用了这些技巧并不代表你的设计就是无懈可击的，但至少能减少潜在伤害。

尽可能多收集一些数据

要想说服别人在良好的设计实践上投入是件很重要的事，最简单的一种方法就是使用从不同数据点中得到的见解。收集数据的一种好方法是去咨询内部专家。首先应该拜访的是客服代表。要把客户服务看作公司"一直在执行，但为时已晚"的用户研究。

客服的工作很艰巨：他们是在产品的用户体验有问题时与顾客沟通的。他们必须要为他人做的设计决策负责，同时还要设身处地为这些不满意的用户着想。对于设计师来说，一种最高效且最省时的方法就是与一个或多个客服代表定期会面一小时，并且旁听他们的电话内容。想知道有哪些用户体验问题需要解决时，他们就是"知识"的源泉。此外，他们通常比很多设计师还要了解产品。接听真实用户的来电对于设计师来说是一种大开眼界、震撼人心的体验。听到用户因为不知道如何执行一个简单的任务而沮丧，没有什么比这更能促使我们去正视设计决策了。听到别人备受打击的语气、求助要注销账号时，你很可能会重新思考是否还要使用黑暗模式。人类带着情绪的声音是任何数据、表单或者经验知识都无法取代的。

寻找一群讨厌你产品的人

第二种会带来震撼人心的感受，同时会伤自尊的方法是去网页上搜索"我讨厌"+"<你产品的名称>"。

搜索结果反映出的事实会让你心痛，但总比盲目无知要好得多。我们甚至建议你给公司的所有设计师建个群组，并订阅一个关于该查询的 Google 搜索提醒。每次有人提到自己讨厌你的产品或网站时，这个群组内的所有人都会收到邮件。我们确信这能帮助团队了解哪项改变起作用了以及产品的哪部分需要改进。

第三种收集真实痛点的方法是去找一些不由你的公司管理的非官方群或者论坛。围绕不同产品创建的社群非常多：找找 Facebook 的群组、Quora 上的问题、Twitter 上的搜索、Reddit 的社交板块、LinkedIn 的群组、Google+ 的社区、专门的博客，等等。社群管理员是个很好的资源，能帮忙发现所有这些社群。重要的是悄无声息地加入这些社群，但并不是以回答所有的问题为目的。更好的做法是做"卧底"。当用户不知道听众是谁时，他们所说的话会让你大吃一惊。

定量与定性：不要局限于李克特量表

显然，我们建议每个人都做用户测试。然而，我们意识到仅仅做测试是不够的。很多时候，设计师在测试中发现了某种行为，但没能在产品会议上以一种有意义的方式再现。结果可想而知。设计决策是基于呈现给干系人的数据做出的。因此，展现情绪等"软数据"对于了解客户的心声，进而避免给他们带来情感伤害是至关重要的。

很多公司喜欢在客户调查中使用李克特量表。李克特量表中的问题通常有备选答案，从"强烈反对"到"完全同意"（见图 6-1）。它们非常有用，可以快速捕捉到被调查者对于某方面的看法。因为每个人都很熟悉这个量表，而且问题很容易回答，很快就能答完，所以李克特量表往往在用户研究中被过度使用了。在用户研究中收集定量数据时，很适合使用李克特量表，包括完成任务的平均时间、转化率等。尽管这些都很有用，但它们并不应该是唯一收集并呈现给干系人看的结果。

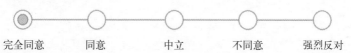

图 6-1
李克特量表因为方便而常被用在顾客问卷调查中

观察用户如何使用产品时，并不一定适合使用量表来收集相关数据，尽管将量表贴到 PPT 上非常方便。观察所得的原始数据可以并且应该通过多种方式展示：关于用户情感历程的描述、表示用户执行任务时情绪状态的表情列表、偷偷拍下的观察片段、笔记、用户语录，甚至是涂鸦笔记（见图 6-2）。这些结果远比图表形式更吸引人，也更有可能使人产生同理心。实际上，调查显示我们的大脑可以做分析，也可以产生同理心，只是不能同时进行[1]。凯斯西储大学的一个团队研究发现，我们大脑的生理结构限制了分析神经网络和同理心神经网络的同时使用。以下是从该报告中摘取的一段[2]：

> 因削减成本的决定而引发的公关丑闻，CEO 怎么就视而不见呢？
>
> 当使用了分析神经网络时，我们无法很好地评估自己的行为对他人所造成的伤害。休息的时候，大脑会在社交神经网络和分析神经网络之间循环。但研究人员发现，当被分配了任务时，正常的成年人会使用适当的神经通路。研究首次表明：内在的神经限制了我们同时产生同理心和进行分析的能力。

图 6-2
记录访谈的涂鸦笔记（来自 Elyse Violtto 的图片集）

因此，如果你想让你的团队开始思考情绪层面的设计，对用户产生同理心，重要的是不要给他们一堆硬数据，这会让他们望而却步的。建议你将设计调研结果分为两部分展示。首先展示定量的发现：客服处理单数量、李克特量表的结果、完成不同任务所需的时间、错误次数、转化的数量、成本效益分析，以及 Google 或其他平台上的数据分析。然后展示定性数据：顾客的情感历程、Plutchik 的情绪轮盘（稍后介绍）、用户测试中的观察笔记、在客服代表的访谈中得到的发现，等等。以下出自同一份报告：

> Jack 继续说道："你不能没有这两个神经网络。你并不想偏重其中哪个，而是在二者之间高效地循环，在适当的时候运用合适的神经网络。"

记住，CEO 必须有极强的分析能力，这样公司才能正常运行。而你的职责则作为一个道德指南针，确保在做决策时考虑了人的因素，这样就没人会陷入分析思维的困境。用户研究将人的因素带到了商业分析环境中。**在数据启发、数据驱动的年代，我们的声音比任何时候都重要。**接下来介绍一些能以最有效的方式收集并展示数据的工具。

学会识别情绪

为了收集"软"数据，我们需要了解并能识别它。不幸的是，我们往往都不太擅长命名、识别、记录及分享在被测者和用户身上观察到的情绪。下面列出了一些语言和非语言信号，它们有助于识别情绪。

要留意听的语言线索如下所示。

- 说话的语气。是强势的、闪烁其词的、尴尬的、愤世嫉俗的、困惑的、痛苦的、愤怒的，还是消极的?
- 描述行为的用词。比如,一个用户提到他们"必须**再次**输入同样的内容",这也许是因为他不理解为什么需要重新输入一遍密码才能确认。做记录的时候,一定要强调这种用词。
- 叹气。你听到的叹气次数本身说明了一切。一旦你开始数,会发现叹气的频率比你想象的还要高。当用户叹气的时候,用个符号快速记下,而不必拼写出来。我们喜欢用波浪号(~),因为这个符号在其他地方不常用。
- 笑声。用户的笑声表明他们认为界面很"愚蠢"。用户会嘲笑软件中令人困惑的选项、反馈或要求。

另外,要观察并倾听非语言线索——看得见或者听得到的愤怒信号,或者是任何行为变化,比如:

- 发生错误后，突然用力敲击键盘
- 转动眼球
- 光标在屏幕上转圈，就好像找不到光标了
- 紧张的小动作，比如扶下眼镜、摸戒指、摸头发等
- 脸红了或者脖子红了
- 调整座位
- 叹气、咕哝或者其他声响
- 揉鼻子或揉眼睛

解读情绪和身体语言的表达

七种常见的面部表情（厌恶、生气、害怕、伤心、开心、惊喜、轻蔑）会通过不同的方式表现出来：宏表情（通常持续 0.5~4 秒）或微表情（无意识的，持续时间少于 0.5 秒）。我们并不能总是准确地识别出人们脸上常见的宏表情。设计师学会解读更多含糊其辞的表达，就会对真实感受到情绪更敏感、更能感同身受了。[3]

许多人认为他们无法解读微表情，但是只要稍稍训练一下，就能轻松掌握基本的识别技巧。学会判断他人感受是设计师的一项强有力的技能。所有的基本情绪会混杂在一起。去学习，去了解各种不同的情绪强度和变化。只有知道了这些，你在设计的时候才会予以考虑。

展示观察到的内容

没有什么比直接播放用户使用服务时遇到问题的视频更能让我们对用户产生同理心了。我们发现，一个能真实反映用户困境的 5 分钟视频就很有效。为了获得这段视频，你要确保既拍摄了测试过程中的屏幕，又拍摄了用户的表情。观看这样的视频会让人不舒服，但这种难堪很有用。

映射情绪数据

一旦观察了真实用户如何使用你的产品，且收集了一堆他们的情绪信息，就要用适当的方式记录下这些发现，这一点很重要。为此，我们建议将这些数据放到**用户情绪地图**上。给不同的干系人描述问题时，这种地图非常有用。

这个情绪地图还可以作为收集数据的模板，当你需要测试人员收集产品的使用反馈时，可以给他们展示一下这个地图。它既可以记录定量数据，又可以衡量定性数据。

Plutchik轮盘

我们建议把 Robert Plutchik 的情绪轮盘作为基础[4]，其最大的好处是简洁。关于情绪的理论有很多，但大多数理论认为情绪有不同的强度，并且基本情绪可以和其他情绪混合成新的情绪。比如，在 Plutchik 轮盘上，接受和担忧混合后产生了屈服。熟悉一下这个情绪图并将用户的感受转化成文字，这会很有用。另外，相比于表面化的记录，情绪记录会更有力，比如"4 个用户很生气"远不如"2 个用户很生气，1 个有愤怒的迹象，1 个介于憎恨和厌恶之间"（见图 6-3）这样的描述精准。拥有了准确、细颗粒度地描述情绪状态的能力，对于设计师来说会是个很大的优势。

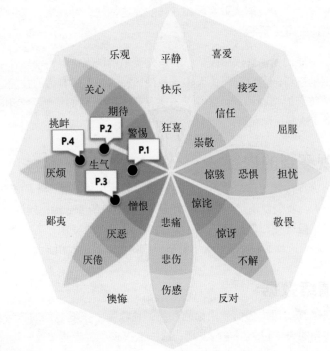

图 6-3
用户情绪映射在 Plutchik 轮盘上

顾客旅程图

另外一个映射情绪并展现给干系人的好办法是创建顾客旅程图，强调用户在每一步中的情绪状态。与整个团队一起制作的顾客旅程图是满足用户需求和对用户产生同理心的关键部分。邀请项目中的每一个干系人参加半天的活动，多多益善。

很多顾客旅程图（或者体验地图）只是用来制定用户任务列表的。但这并不应该是创建这种图的唯一目的。对于列表中的每个主要活动或任务，都要突出用户的关键情绪，这一点很重要。这能突出痛点，也可以启发一些设计机会点。一定要突出最重要的机会点，这样做的目的是为了通过顾客的眼睛去看待体验，而非你的眼睛。

制作顾客旅程图的方法有多种，我们建议使用 This Is Service Design Thinking 公司提供的精致模板（见图 6-4）。

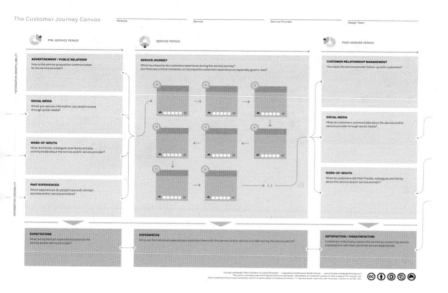

图 6-4

This Is Service Design Thinking 提供的顾客旅程画布

Adaptive Path 是一家用户体验设计咨询公司，同样提供了超棒的免费指导，可以帮助你绘制体验地图（见图 6-5）。最后，想了解不同旅程图、图表或者计划蓝图的完整概述，可参考 James Kalbach 的《用户体验可视化指南》一书。

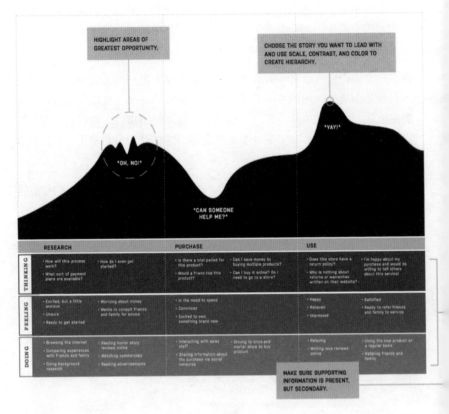

图 6-5
Adaptive Path 体验地图指南中的一个体验地图案例

在工作中使用同理心的最大挑战可能来自于别人对此的看法。有些人认为同理心太"做作""过于情绪化了"，或者认为它只是一个感觉上很好的方法，对实际工作没有任何帮助。正如我们所知道的，同理心是构建正确产品的关键工具，所以我们该怎么说服别人去接受它呢？关键还是……同理心，我肯定你知道这是迟早要去做的事。你的干系人来自哪里？他们重视什么？对于某些人，关键是给他们一些参考案例或者之前成功运用同理心的项目。对于其他人来说，可能关键是给他们一些数据。你可以给他们解释通过同理心才能解读数据背后的原因。你也可以告诉他们，那些非常成功的公司，如 Google、IDEO、Facebook 等，是如何有效地运用同理心的。最后，如果没有十足的自信去运用同理心，那就先在你的团队面前使用。让他们知道这是你想要去做的，你读了一些相关资料，并且想要试试。让他们也试一试，并告诉他们你需要他们的反馈，以便做得更好。

总结

在这一章中，为了创建合适的设计解决方案，我们鼓励用同理心去理解用户。但如果试图在没有用户研究支持的情况下去理解用户，就会有风险。我们自认为知道用户可能会被什么打动，用户可能会有什么反应，用户可能会想什么，以及用户可能会做什么。但是，如果这种同理心不是建立在用户研究之上的，那很可能是虚假的同理心，我们用自己的想法和偏好取代了真实用户的想法和体验。我们往往自欺欺人，认为别人想要的就是我们想要的。《市场调研期刊》[5] 刊登过的一项研究就揭示过这一点。有两组营销经理。第一组是控制组，被要求去预测顾客的喜好，并且完成一项评估自我同理心水平的问卷。第二组的任务相同，但被要求先描述一个典型的客户并猜测这个人会想什么或做什么，从而对这些人产生同理心。其中一个研究人员，Johannes Hattula 教授，接受《哈佛经济评论》采访时描述了结果：

> 效果是一致的。经理们越有同理心，就越会用自己的个人偏好去预测顾客想要什么。[6]

练习同理心也会变相鼓励经理们将自己的偏好和偏见融入对用户的判断，即用户想要什么，用户会如何表现。这在很多公司中都时有发生。我们很了解用户，所以自以为知道他们的想法和行为。我们都知道一句设计老话，"你不是用户"，但我们以为了解了用户就能避免掉进这个常见的陷阱。但这项研究发现了这种思维方式的问题所在：**代表用户**思考仍然是在为你自己设计。这是很危险的，不仅因为我们最终给出的解决方案可能并不是针对用户的问题，还因为我们可能忽略了那些与我们相悖的证据。Hattula 教授还提到：

> 另外一个需要注意的重要发现是，经理们越有同理心，就越有可能忽略我们提供的关于顾客的市场调研。

这种思维有双层危害。首先，我们欺骗了自己，自以为知道用户想要什么，然后排除了与我们想法相悖的证据。这就像个烹调灾难的菜谱——我们很多人因为要赶工期以及满足干系人的需求而把菜继续煮下去。避免掉进这种陷阱的关键是，通过研究来指导你了解用户的想法和行为。这也是本章内容对于企业成功至关重要的原因，不仅能帮助你避免对用户造成伤害，还能指导你朝着正确的方向去真正地满足用户的需求。

重要结论

(1) 知道人们讨厌你的产品总比盲目乐观要好。

(2) 如果想让你的团队开始思考情绪层面的设计，对用户产生同理心，重要的是不要给他们一堆硬数据，这会让他们望而却步的。

(3) 观察用户如何使用产品时，并不适合使用量表来收集相关数据，尽管将量表贴到 PPT 上非常方便。

(4) 七个常见的面部表情（厌恶、生气、害怕、伤心、开心、惊喜、轻蔑）会通过不同的方式表现出来：宏表情（通常持续 0.5~4 秒）或微表情（无意识的，持续时间少于 0.5 秒）。

(5) 相比于表面化的记录，情绪记录会更有力，比如"4 个用户很生气"远不如"2 个用户很生气，1 个有愤怒的迹象，1 个介于憎恨和厌恶之间"这样的描述精准。拥有了准确、细颗粒度地描述情绪状态的能力，对于设计师来说是个很大的优势。

(6) 映射情绪并呈现给团队的一个好办法是创建顾客旅程图，强调用户在每一步中的情绪状态。

对 Mule 设计公司 Erika Hall 的访谈

以下是对 Mule 设计公司 Erika Hall 录音访谈的文稿。

1. 设计对我们生活的哪方面影响最大？

对两三个方面的影响比较大。我常提到的比较大的一方面是机会成本。不是说设计师做了什么坏事，只是浪费了太多时间。人们往往不去解决那些真正的问题，这也是我开始写作、工作、调研大量创业公司文化的原因。

所有聪明、有天赋的人浪费了很多时间去做愚蠢的事情，他们没有解决真正的问题。我并不是说要做一些对公众好的事情，我只是说要做一个可行的产品或者服务。我认为浪费本身是不道德的。这就好像说："哦，我们可以做一些有用的事情，但我们现在正在用我们的时间和技能做一个短期的冒险游戏，并没有问过自己：'我们想要做什么？我们努力确保它成功了吗？'"所以这就是浪费。

2. 对你来说，技术的目的是什么？

实际上，技术没有什么目的。从某种意义上说，我们所做的每件事都是一种技术。在某种程度上，读和写也是一种技术。关键在于你用技术做什么。技术本质上就是一个工具，就好像锤子的作用一样。

3. 设计的目的是什么？

在做出设计之前，你的工艺必须成熟。人们造了很多年的房子之后，才有了"建筑设计"这一说。人们印刷了很多年的报纸之后，才有了"平面设计"这一说。直到你有了成熟的工艺，才会有设计。设计是对于工艺和流程的高阶思考。人们往往把设计和工艺混为一谈。如果你在谈论设计，那么要真正地做设计，就要思考设计的意义。作为设计师，你需要参与或主导这个经过思考的流程。所以除非你思考了，否则你就称不上是设计师，你只是在做一个东西而已。假设有个人走过来，跟你说了他大概的需求，比如"做个约会应用，界面要吸引人，而且能够做这些事，有这个功能"。如果你只是按照这些指示去开发应用，只是执行命令，我不知道你是否可以自认为是设计师。这是一项工艺，但如果你是无意识地设计，就会得到糟糕的设计。有些人拥有技能和智慧，可以有意识、有目的地做事，却没能有意识且明智地去做事。他们只是运用自己的技能去实现别人的计划。

4. 对于避免这个问题，你给设计师的建议是什么？

我认为最好的方法是带着目的去认真思考："我真的想要将它带到世界上。我真的会为此签字画押。"设计师不要再扮演被动接受命令的角色。人们越来越看重设计和设计师的影响力。所以，我们必须要跳出"我只需接受给我的东西，并且将我自己的素材和处理方法运用上去就行"这样的思维模式。如果我要给这个世界带来些新事物，那我的观点是什么呢？曾经有人问我："是什么成就了一名优秀的设计师？"那就是要有个深刻的观点，这甚至比真正优秀的技能还重要。有些人既拥有深刻的观点，又拥有优秀的技能。比如，logo 设计师 Paul Rand 就拥有这两种东西。当设计师思考他们的职业发展的时候，技能是一部分，了解自己的观点是什么是另一部分。

5. 观点由什么构成？

你要理解所做之事的意义，还要拥有"我要如何用我的技能去改变世界"这样的愿景。要做到这一点，你并不需要成为一位著名的设计师，而只需将这种目的运用到你要解决的问题中，以及你选择如何去运用你的技能。每个设计都体现了一套价值，所以首先要明确你自己的价值。作为一名设计师，你可以站出来说"我的价值就是给自己挣钱"，或者你也可以说"我的价值在于为人们阐明信息"。理解并阐明含义，这就是设计最强大的力量之一，这样世界上的人就不会因为事情不明确而做出错误的选择。它让每个人都能自己做决定。这是好设计可以帮到人们的地方。

6. Mule设计公司是如何践行你的观点的？

我们有个很独特的观点，但我们的大部分工作是写作，除了承接一些客户项目，我们还开始做很多的培训去帮助和支持他人，因为这些在学校都学不到。你看像罗得岛设计学院（RISD）之类的学校实际上还有哲学系，并且安排了相关课程。但很多其他的"设计学院"教的是平面设计、设计史、如何布局、界面设计原则，从没教学生从更高的角度去思考问题。而我们正通过"Dear Design Student"（亲爱的设计专业学生）培训系列和我们的书去培训学生这一点。大多数博客和文章会给年轻设计师提供一些工具。刚开始工作时你会想"我很幸运，我得到了一份工作，无论什么事我都会做的"或者"我会让项目看起来有趣些"，但是你不会想"我认为这不正确，但我不知道如何说明为什么不正确"或者"我没资格反驳"。我认为所有的设计师都应该具备这些技能。设计师离开学校时，要有批评对方工作的能力。你需要捍卫你的工作，但仅在小范围内。我希望设计师能捍卫自己的工作，也能批评自己的工作，同时也要记住整个世界都是你的客户。与人打交道是工作的一部分，但很多设计师并没有接受过相关的培训。他们认为"我亲手设计了这个产品"，但其实并非如此。你是用你的头脑和智慧去设计的，你的双手次之，这只是一种艺术创作的表达方式而已。我们喜欢帮助其他设计师认识到自己的权力，让他们不只是参与讨论不同决策的意义，而是引导并促进这些对话。

7. 实干型设计师能做什么来帮助他们做出正确的道德选择？

当人们想到研究时，他们会想："我要去寻找新的信息。"当设计师做研究的时候，实际上是在建立和理解使用场景。看看你的工作场景：用户当前的行为如何，竞争环境如何，看看更广阔的世界，等等。所以，首先从人们常说的"研究"开始，也就是研究背景信息，这样你就能理解整个问题。不要让人们忽略这一步。我不关心你目前的产品有多么创新，它需要适合现实世界。如果你在为某些人工作，而这些人没有道德，那就换一份工作吧。

8. 对于那些做产品的非设计师，你有什么建议？

知道你的价值观是什么，知道你为什么要这么做，知道成功对你意味着什么，你就可以更好地评估那些感觉上很好但不合理的事情。一个很好的例子就是 Slack 的创始人 Stewart Butterfield。他是哲学硕士，很聪明并且很有想法。我认为他处理事情和做决定的方式对于设计师来说是个很好的范例。可怕的"游戏化"热潮已经过去了，但 Stewart 现在还是会创立一家游戏公司，做一款有意思的游戏，然后搞清楚游戏中的哪部分可以做成有意思的产品，而且他这么做了好几次。这与别人的做法背道而驰。他之前做 Flickr 是这样，做 Slack 还是这样。这比他人的做法聪明得多。这种有趣的社交互动方式中的哪部分可以做成一个有用的产品？大多数人十分焦虑和恐惧，想要复制别人的成功，结果却失败了。相反，要对整个过程有信心，目标要远大并且持久。

参考文献

[1] Case Western Reserve University. Empathy Represses Analytic Thought, and Vice Versa [EB/OL]. EurekAlert, October 30, 2012.

[2] Jack, Anthony I., Abigail Dawson, Katelyn Begany, Regina L. Leckie, Kevin Barry, Angela Ciccia, and Abraham Snyder. fMRI Reveals Reciprocal Inhibition Between Social and Physical Cognitive Domains [J]. NeuroImage (2013): 385–401. doi:10.1016/j. neuroimage.2012.10.061.

[3] The Nature of Things. Body Language Decoded [EB/OL]. CBC-TV, February 16, 2017.

[4] Plutchik, Robert. Emotions and Life: Perspectives from Psychology, Biology, and Evolution [M]. Washington, DC: American Psychological Association, 2002.

[5] Hattula, Johannes D., Walter Herzog, Darren W. Dahl, and Sven Reinecke. Managerial Empathy Facilitates Egocentric Predictions of Consumer Preferences [J]. Journal of Marketing Research 52:2 (April 2015): 235–252.

[6] Berinato, Scott. Putting Yourself in the Customer's Shoes Doesn't Work: An Interview with Johannes Hattula [J/OL]. Harvard Business Review 93:3 (2015): 34–35..

第7章

我们可以怎么做

最难的不是说服你自己。如果你正好拿起了这本书，并且一直读到了此处，你应该已经相信了正确的设计决策十分重要。如果你想盖一幢新房子，但选择了一块有老房子的地，那你的工作量是翻倍的。你要么拆除老房子，要么找出老房子与你计划盖的新房子有什么不同，然后做出所有必要的修改。拆除老房子并重新建造会容易很多。改变人的思想和做事方法也是同样的道理。你首先要打破他们已有的信念体系，然后从头开始建立新的理念。我们能做的最简单的事就是按照自己的信念行事。我们已经解构了"设计如何影响人们的生活"（更确切地说是如何不影响）这个秘密，希望你相信设计会给你们的生活带来影响。现在，最难的是去说服那些还没有转变思想的人，去挑战一些已经存在的事物：你的老板对于设计价值的看法、办公室政治，当然还有国家政治。虽然这很困难，但好消息是变革是有可能的，而且变革一旦开始了，就会加速。

我们所有人都可以做的

在说设计师能做什么之前，我们先说一说非设计师能做什么。也许他们正在读这本书，对自己能做什么也很感兴趣。可以与朋友和同事分享这些建议。

变革最大的敌人是自满，想要改变已经存在的东西需要花费更多的努力。所以，通常我们都是慢慢来的，努力做好日常的每件事。记住，大改变源于小改变。每周每天都做，就会有变化。

投票

成为一名积极参与的公民会让你拥有巨大的变革力量。在我们这个民主社会中，每个人对事情的处理方式都有发言权。在美国，选民投票率只有大约 50%，在一些投票率高的国家也就刚刚过 80%。[1] 只要来投票，你就比那些没来的人更有发言权。

不管你信不信，已经有与用户体验相关的法规了，而且其中很多已经执行了。比如美国 1973 年的康复法案的第 508 条要求所有政府网站都要做到无障碍性，让不同类型的残障人士都可以访问。这保证了所有公民都可以通过"电子方式"（这个词是政府说的）与政府互动，不会被排除在外。

问题往往并不在于法规的通过（这只需单方面努力就行），而在于法规的正确实施。比如，有一条法规要求电子医疗档案系统要有用户研究的支持，但这条法规并不起效，因为无法证明用户研究工作是按标准方式完成的。我们需要推动制定更好的可用性法规，并确保它们能够正确实施。

大声地说出来

通常，我们会默默忍受。我们对应该做什么感到苦恼，但又不说出来。我们以为就算说了，上级的回复也会是否定的。然而我们发现，坦白说出来会有立竿见影的效果。很多人根本没注意到糟糕设计所带来的影响。他们只是从自己的角度去看待事物，并不能理解它给别人造成的困惑。有时候，他们忙于日常生活，不太关注设计。要假定他们都是心怀善意的人，只要稍稍提一下这个问题，他们就会改正的。如果他们没有马上理解你的意思，至少会让他们意识到有这个问题。不要只尝试一次！最好的设计师就是个复读机。当别人反复听到同样的问题时，慢慢就会理解这个问题的重要性。

重要的是要让那些有影响力的人在脑海中记得这些问题。这看似没有什么变化，但随着时间推移，他们会被说服的。

当你在工作中看到会伤害人的糟糕设计时，请举手。当你在政府网站上花了两个小时研究如何付钱时，大声地说出来并给他们发邮件。当你在医院看到设计上有风险的软件时，写信给管理层。当你听到朋友在网上被人骚扰时，向网站的支持团队投诉。每次我们大声地说出来，就会给黑暗带来一丝光明。有了这束光，就会有变化，因为人们会意识到我们所提出的是需要予以解决的重要问题。

支持他人

如前所述，创造真正的变革是一项艰难的、长期的任务。我们往往会气馁，好像我们所有的努力都付诸东流了。我们需要彼此的鼓励和支持去完成这项任务。当有人大声地说出问题时，你务必要支持他们。当你看到公司里有人在推行更优的可用性方案时，一定要支持他们，并且让他们知道他们做得非常好。当你看到某人运营的组织正在创造变革时，写信告诉他们你为他们的工作点赞。**说些鼓励性的话语是个美妙又简单的方法**。只要认可一个人的努力，他做事的热情就会高涨。

帮助变革创造者的另一种方法是给予经济上的支持。比如，如果可以选择，请购买无障碍性良好的产品，并且让该公司知道你为什么选择了他们。金钱＝能量，给予金钱支持会让他们做得更多、更好。

分享优秀的案例

另一种简单又轻松的帮助他人的方法就是分享他们所做的事情。当你遇到一个正在创造变革的组织、活动或网站时，将它分享给你周围所有的人。相信你知道该怎么做。在社交媒体上分享，给感兴趣的朋友发邮件，给运营者介绍一些可能会帮到他们的志同道合者，去社交新闻网站上为他们的帖子点赞。这会增加他们的曝光度，帮助他们营销，还可能会给他们的竞争者敲响警钟。

创立自己的公司

有时候，创造变革的最好方法就是做得比已有事物更好。在技术世界里，我们称其为"颠覆"。新玩家进入市场并颠覆了市场上的一切，这是因为他们做得更好，而老玩家体态臃肿，反应迟钝，无法迅速阻止新玩家吞噬整个市场。这是适者生存的年代。如果一个物种无法适应变化的环境，它就会死，而它的消亡会让其他物种崛起。

如今，越来越切合实际的做法是让一小部分人去开创新事物并承担起更大的责任。各地的初创企业都在向 10 亿美元级的公司发起挑战，做得比他们更好。如果你迫切地想要看到问题的某部分有所改变，也看到市场上有这么一个机会，那就开始行动吧！我们需要这样的企业家：注重用户体验，会去改善那些体验极差且每天伤害用户的产品。你还有个特定优势：如果用户获得了更好的体验，他们通常偏向于功能轻量化的产品。创业不容易，失败也很普遍，而你也不会有什么损失。

练习同理心

你可能会忽视各类伤害，而改变这种行为的最好办法就是练习同理心。**同情心**是对遇到麻烦的人表示同情，它还不足以改变我们自己和我们的产品。**同理心**是能够理解和分享他人的感受，它能防止无意的伤害。练习同理心不仅仅是设计师应该做的，但为了设计更好的产品，我们需要真正地理解产品的使用者。我们需要深入了解他们的想法、需求和期许。举例来说，当 Jonathan 需要设计一个新的登记流程时，他遇到了一个有趣的挑战：对于某些人来说，没有邮箱账号是很正常的，但对于一个生活在硅谷的设计师来说，这就难以理解了。有人可能不禁会想，那设计时就不要考虑这些人。但 Jonathan 去了解这个情况后，发现这些人是没有跟上技术浪潮的人。对于很多人来说，他们已经勉强度日，而学习使用计算机的成本太高了。还有其他没有电子邮箱的人群，比如说孩子。了解了这一切后，他设计了一个方案来融入线下登记的表格，就是让员工把纸质版表格上的回答逐一录入。带着同理心去接受挑战，会得出更好的解决方案。

每个人都是设计师

对于设计师来说，我们最终设计出来的是产品的界面，但对于非设计师来说，它可能是各种东西。如果你是餐厅服务员，你是否意识到用 Flash 做的网站菜单的无障碍性很差呢？如果你是汽车销售人员，你是否感觉到广告会伤害并且排斥某些人？或者你是公司的高管，负责规划公司的方向，你要关注用户需求，忽略部分用户，还是伤害用户呢？甚至创建一个电子表格，也是在为使用表格的人做设计。我们都要把终端用户记在心中，并且确保我们不只是"把事做完"，而是要多做一些，让他人的体验变得更好。

设计师可以做的

在保护他人免受糟糕设计之害方面，设计师发挥着重要作用。我们有学识，因此也有责任为用户做正确的事情。虽然这并不容易，但我们必须在每一种情况下都竭尽所能，因为人们现在比以往任何时候都需要设计。随着科技在我们的生活中越来越重要，人们越来越需要理解并使用它。

去需要你的地方工作

如果你已经读到这了，那么你可能是一个非常关心如何创造变革的设计师。在那些之前从未重视设计但现在亟须重视设计的业务领域中，我们需要像你一样的人。这将是一项艰巨的任务，但我们需要你，而且这也能实现你的个人抱负。这可能意味着做一些没那么吸引人的工作：你的朋友也许都不知道或者没用过你的产品，但你的努力会带来一些实质性的不同。医疗领域需要像你这样的设计师，该领域中老化的基础设施、臃肿的组织结构以及商业关系都阻碍了更好的设计，使得病人和医务人员都无法受益。政府需要你，那里的官僚主义、匮乏的资金以及混乱的流程都会妨碍你的设计。教育、航天、汽车行业，甚至是 B2B 软件行业都需要你。每个行业都有自己的挑战，对它的用户来说，这可能蕴含着巨大的收益。**时间很宝贵，当我们把大部分时间花在工作上时，就要找个我们可以有所作为的地方工作。**如果你强烈地想要保护用户免受伤害，想要将技术公之于众，还想要通过设计将世界变得更美好，那么这些挑战就属于你，未来的胜利也属于你。

学会表达意见

大声说出来是改变事物的一种简单方法。将没说出来的话变成有形的东西。当你大声说出来时，你提出的问题就必须被解决。相关人员一定会记住这个问题并且思考如何解决。即使一次又一次被驳回，它最终还是会变成一个重要的问题。它会被公布出来，并得到应有的关注。你的老板甚至可能会做出让你惊讶的举动。Jonathan 想起当时设计产品购买流程时的情形，他的老板选择使用黑暗模式，他对此非常苦恼。在会议之后，设计师互相抱怨这件事。但是，有一次他大声地说出了自己的观点，还称其为黑暗模式，并给出了数据来支撑他的说法——"应该改变这种做法"，他的老板竟然非常愉快地答应了。

善意的人都不会否定良好的数据。大多数情况下，他们只是不知道自己所做的事会伤害用户，只要指出这个问题，他们就会理解的。在会议上大声说出来，并且发一封详细的邮件，给全公司人宣讲一下。无论如何，要增强人们对问题的认识。（这里假设你有老板，如果你本身就是老板，那么就施压让你的员工去改变。）

表明立场

如果造成的伤害很严重，那仅仅大声说出来还不够。你必须要表明自己的立场。作为产品的设计师，你要对你的工作负责。如果造成的伤害很严重，你就不能得过且过。一定要表明立场。冒着丢工作的风险是有些可怕，但是昧着良心做事更可怕。本书案例中的那些设计师知道自己的设计导致了他人的伤亡，你可以想象一下他们的心理感受。人生短暂，要坚守自己的道德，决不妥协。也许你需要换份工作，找工作那段时间会比较难熬，但一旦明确了自己的立场，你就会感觉很棒。另外，正如之前所提到的，经理会尊重每个有信念的人。你的经理也许会有出乎你意料的表现哦！

做个伟大的设计师

这个世界并不需要很多画漂亮界面的人，需要的是伟大的设计师。我们需要能精心打磨产品体验的人。要打造出好的设计，我们首先要成为一名优秀的设计师。如何成为一名更优秀的设计师呢？下面给出一些建议。

1. 成为世界级的沟通者

这条建议对很多职业来说都适用，对设计师来说更是如此。沟通能力是你能否成功的决定性因素。良好的沟通在设计师的各个工作环节都起着至关重要的作用：与干系人讨论项目需求时、向客户推介自己的想法时、与团队成员进行头脑风暴时、做设计评论时，当然还有在了解如何通过你设计的界面与用户沟通时。你不能不沟通——如果你不知道如何分享以及推销你的天才想法，那它们就只会停留在你的头脑中。不要只思考如何和用户沟通。在保护用户权益之前，你必须和你的团队沟通，让他们相信你的愿景。沟通是最有成效的技能之一，值得你花时间去磨练。

Tom Greever 在《设计师要懂沟通术》[1] 一书中为设计师提供了一些不错的建议。他讲解了准备和展示设计的流程。更重要的是，他认为设计师需要理解干系人的想法，并且为了达成目标，要学着换位思考。如果你有些不好意思，试试加入 Toastmaster 组织（一个非营利性的教育组织，通过世界各地的俱乐部教授公开演讲能力以及领导能力）。挑战一下在内部或者在区域性的会议上进行一场演讲。如果你已经准备好迎接挑战了，申请去一些大型活动上做演讲。寻找一些不只是关注设计的活动。通常这些活动的方向比较"杂"，还会更换话题以便让参与者觉得更有意思。

2. 采用以用户为中心的设计方法

任何人都能做设计。设计就是呈现你的目标（参考了 Jared Spools 的精炼定义）。但是，优秀的设计师要以用户为中心。因为我们一般是为某项业务提供服务的，所以很容易误认为设计方案首先要满足业务需求，然后才是满足用户需求（或者至少减轻对用户的不良影响）。然而实际上，更好的业务模式应该以用户为中心。归根到底，用户才是最后付钱给你的人。每个人都有老板。（除非你自己就是老板，如果你是老板，你是不是已经采用了以用户为中心的方法？）你的老板可能是付钱给你的人，但是也得有人（用户）付钱给他，对吗？所以，首先要满足用户需求，然后才是满足业务需求。

更重要的是，要了解以用户为中心的设计方法。可以找些关于这个主题的书看看，比如 Kathy Baxter 和 Catherine Courage 合著的 *Understanding Your Users*，以及 Carol Righi 和 Janice James 合著的 *User-Centered Design Stories*。

3. 将数据视为自己的弹药

没有数据，设计师就如同盲人。可能的话，利用数据来支撑你的设计决策。最理想的情况是你有用户的真实数据。在其他情况下，要根据最佳实践、

注 1：此书中文版已由人民邮电出版社出版，详见 http://www.ituring.com.cn/book/1808。

——编者注

经验或者观察到的行为做出一些假设。弹药的质量越好，最终的爆炸效果就越好。在项目开始和结束时，要预先决定好你需要什么数据，并且要能够得到。数据可以启发好的设计，而且可以验证设计。这种思维模式，再配合良好的沟通，就可以改变公司对设计的看法。想要了解更多关于数据启发设计的内容，可以观看 Jen Matson 的演讲"数据启发式设计"（Data-Informed Design）。

4. 保持一颗初学者之心

就像自然界中的任何事物一样，如果你不成长，就会腐烂。抓住每个学习的机会，不要让骄傲阻碍你前进。抱着一颗学习的心，这样当你的项目失败或成功时，你都会发现有可学习的东西。从别人身上学习。如果有人解决了你的问题，找他们给你解释一下解决方案。当你看到有人成功了，停下来思考一下是什么因素促成了他的成功。我们在一天中能学到很多东西，但都没记录下来。每天都要带一个笔记本，记录下你的收获。

与设计界保持联系，了解其他设计师的想法，掌握最新的资讯和设计工具，从其他设计师的工作中学点东西，这些都有利于自身成长。以下是我个人非常喜欢的入门资料网站：

- Designer News
- Medium
- Smashing Magazine
- UX Booth
- UX Magzine

尽可能多地收集信息，但记住你要边学边做。没有比学以致用更有效的方法了。即使在这个行业里浸淫了几十年，仍然有可学的东西。即使是已有几百年的最高红木也在不断地生长。

5. 教导及指导他人

伟大的设计师会将自己的所学教给他人，教学相长。你可以分享做出某个设计决策的原因，不仅要说明背后的论证过程，还要分享你的知识，这样他们也能使用。至少，这样做有助于人们理解你所做的事情。当人们掌握了如何使用信息后，团队在很多方面都会受益良多。通过教导他人，你也能巩固所学并加深印象，这样将来你才不会忘记。雇用了这些教导型设计师的公司将得到巨大的投资回报，因为整个团队都在互相学习和共同成长。

做了一段时间的设计之后，（如果你有机会）试着去指导一名设计新手。你俩都会从这段"师徒"关系中受益颇丰。

6. 优化过程

众所周知，烘焙是一门科学，过程中的每一步都会影响最终结果。设计也是同样。有个适当的过程能够帮助你更好地规划，确保所有正确的事情都能在正确的时间点完成，并且结果也是可预测的。结果不一定是一样的——你可以进行试验去优化它——但它一定是可靠的，所以你可以通过改变过程中的特定要素来进行试验，并准确地知道结果会有什么样的影响。如果你没有时间调整过程，那么你就会退步。只有具备正确的过程，优秀的设计师才能做好工作。

正确的过程是什么样的？有很多的模型，但是它们都包括以下几个重要元素：

(1) 理解问题（收集用户研究、干系人的需求、相关的数据，等等）；

(2) 探索概念（草绘、画线框图、制作原型等）；

(3) 构建（UI、代码、设计指南等）；

(4) 验证和分析（更多的用户研究、数据解读以及迭代）。

Karl Aspelund 的 *Design Process* 是本很好的入门书。另外，Dan Lockton 的 *Design with Intent* 也值得一读。

7. 慢慢来

多年来，我们了解到伟大的设计都需要花时间。经验丰富的高级设计师也许可以少花点时间，但是要将优秀的设计变成伟大的设计，时间是必不可少的。根据我们的经验，公司经常想要快速完成设计和构思阶段的工作。这种错误是很危险的，而且项目经常会为了纠正方向错误而返工。重做或者修复问题需要花费大量额外的时间。老话"两次测量，一次剪裁"适用于产品设计。如果我们没花时间去规划和构思，就是在浪费公司宝贵的资源。作为设计师，你可能无法掌控这一点，但至少要充分利用可用的时间做规划。询问一下交付日是哪天，可能的话多争取些时间，然后做规划，这样你就有更多时间思考具体的问题并且探索出不同的解决方案。我们经常把时间卡得刚刚好，并用最短的时间去完成设计。试着利用所有可利用的时间（但留意截止时间），并且把重点放在规划阶段。同理心的养成并不是什么神奇的事，投入时间就行了。

8. 参与进来

不要只是做机器里的一个小齿轮，要参与进来。这意味着要了解和你一块工作的人。这意味着密切关注项目，必要时要回退，还要积极参与到过程中的每一步，并且还要努力去优化。不断地问"为什么"和"如何"，不断地重复你听到的内容，这样人们才知道你听到了他们所说的。从本质上来说，就是要认真对待你的工作，多接触产品开发过程中原本不属于你的那部分内容。

9. 后退一步

这也是优秀设计师和伟大设计师的一个不同点。我们所有人都需要时不时调整一下方向，并且还需要时不时来点灵感。找个时间暂停你手上的工作，并且后退一步。如果这是一个比较大的项目，也许可以在中途找个时间后退一步，看一下整个项目。画家这样做能确保画作的完整性，而不会迷失在细节中。我们也需要这样做。对于整体的体验来说，这个功能怎么样？它和 B 功能是如何交互的？后退一步有助于你进行重要的产品方向调整，并将工作做得更好。

有时你自己也会感到筋疲力尽。别担心，每个设计师都会经历这些阶段。设计是一项耗费精力的工作，有时我们需要后退一大步，看看我们的职业生涯。我要去哪里？我能做些什么不同的事情来重新点燃我的激情，充实我的内心？如果需要，你可以换个项目或者换家公司。你可以学习新的技能，并开始做自己的项目。像任何项目一样，你的职业生涯也是可以规划、设计和测试的，并且它也是一个迭代的项目。不投入且缺乏动力的设计师并没有处于最佳工作状态，无法做出最佳设计，反而可能会做出伤害用户的设计。

10. 拓展

我们发现最成功的设计师都是充满好奇心的人。他们在成长过程中总是不停地问为什么。设计师能够将一些不相关的想法和目前的问题联系起来。设计师应该在设计之外拓展一些个人爱好和兴趣，比如编程、做生意、公开演讲或者写书法就很合适。但很多其他人发现了自己独特的启发设计的方式，并为未来的问题提供了新视角。

去了解你感兴趣的其他话题。研究经典动画、学习如何制作一把椅子，或者研究算法是如何运行的。我们发现，你拓展的兴趣越多越好。这会为你提供一个更好的视角去了解你要为之设计的世界。反过来，你也可以把你的经验和新视角带到那些有迫切需要的领域中。

11. 做贡献

开源并不仅仅是程序员的事，每个人都可以为开源软件做贡献。懂前端编码的设计师可以在视觉和可用性优化方面做出贡献，使网站的展示更专业。不懂前端编码的设计师可以帮忙增加一些描述性的 HTML 内容，提高项目的无障碍性。他们还可以提交自己发现的 bug，以及提供详细的反馈。他们可以在不同的平台上进行测试，参与到会话和讨论中去。可以到开源设计基金会的网站上了解更多相关信息。

你也可以参加市政会议、城市协商会、城市组织的编程马拉松等活动，在当地做贡献。

12. 问问谁输谁赢

在设计新功能时，一个有用的方法就是问问自己："谁赢了，谁输了？"如果这个功能只满足了业务的要求，那它就是个糟糕的功能，而且也不会做得很好。如果只有用户"赢"了，那它会受到用户的欢迎，但它的成功不足以维持业务。伟大的设计会让双方共赢。去寻找双赢的解决方案。当你发现双赢方案时，离伟大的成功也就不远了。只服务于业务的产品可能会失败或者造成伤害。每当你开始设计新功能时，都要问问自己这个问题，这样就能避免设计失败或造成伤害。

马上把书放下

是时候停下来去开始行动了！走出去，将你所学的付诸实践。在下一章，你会了解到一些伟大的公司，他们是解决问题的排头兵。如果你想要参与其中，这些公司会是个很好的起点。但首先要做些功课。

花时间写一份行动计划。

1. 你热衷于什么？

在这本书中，我们揭示了糟糕的设计会在哪些主要领域造成实际损失。想想哪个故事最触动你。探索一下你关心的话题、对你有影响的话题，或者你最喜爱的话题。选择你想要投入时间去研究的问题。

2. 分配好时间

确定你会在这个问题上投入多少时间。这也许取决于你对所选择的领域有多热爱，以及你自身的情况。你可以选择花一个周末或者每周花一天时间，或者在那个领域中找一份工作。无论你如何选择，写下来并且坚持下去。把它添加到你的手机备忘录上，写在便利贴上再贴到显示器旁边，写在你的手背上。总之，你可以做任何事，只要保证你不会忘记。

3. 寻找一个可发挥价值的地方

你可以通过多种方式的贡献：为你想帮助的非营利性组织提供服务，为一个公共项目写代码，甚至是向下一章中所列的公司或其他值得为之服务的组织提交一份求职申请。

4. 告诉你的朋友

最后，传播！分享糟糕设计所造成的实际损失以及人们如何参与修复问题，这可以加快进程。设计师需要了解他们该如何帮忙，业内人士需要了解设计的重要性，以及不重视设计的话，代价会有多严重。你可以分享或者写一些帖子，介绍糟糕设计的代价。当然，你也可以让别人来访问我们的网站，我们会在上面分享更多的案例。要想帮助每个人理解设计在日常生活的重要领域中的重要性，分享至关重要。

参考文献

[1] DeSilver, Drew. U.S. Voter Turnout Trails Most Developed Countries [EB/OL]. Pew Research Center, August 2, 2016.

第 8 章

他们做得很好

我们已经用非常真实的方式展示了糟糕的设计是如何影响我们所有人的。我们讲了很多糟糕设计伤人的故事，也讨论了我们该如何成为变革的推动者，让事物变得更好。现在我们将注意力转向那些已在前线推动变革的公司。他们看到了人们对良好设计的渴求，正在尽自己的力量去创造一个更好的世界供你我居住。他们，像我们一样，看到了设计蕴含着无限的潜力，能够拓宽通往科技的大桥，更好地满足人们的需求。下面分享一些成功案例，让你知道你并不是一个人在奋战，我们是可以一起有所作为的。

对身体好

我们讨论了糟糕的设计如何伤害我们的身体。下面是通过优秀的设计让人们变得更健康的案例。

- Mad*Pow 是一家设计公司，其目标是改善人们与技术、组织及他人之间的体验。他们已经着手进行医疗变革，并取得了巨大的进步。其中一项举措就是每年举办一次医疗体验设计大会，将设计界和医疗界的思想领袖聚集起来，共同探索如何协作改善病人的生活。在一年中余下的时间里，Mad*Pow 公司中那些充满激情的设计师会去解决医疗问题、帮助非营利性组织，以及接受更多其他挑战。

- Prescribe Design 是由联合创始人 Aaron Sklar 和 Lenny Naar 发起的一项运动。这两个人都有医疗背景，并热衷于结合以人为本的设计去改善病人的生活。Prescribe Design 的主要目的是"融合设计对话和医疗对话，联合设计人员和医务人员"。他们会举办各类活动，在社交媒体上发起讨论，在设计师和医疗服务提供商之间建立联系。这些讨论和联系起着催化剂的作用，触发出了属于他们自己的新想法、新合作和新发展。
- Rock Health 是一家专门"资助和扶植致力于医疗和技术交叉领域的创业者"的投资公司。他们十分重视设计，从他们给旗下公司提供的资源和指导上就能看出这一点。他们的使命是"为每个人提供更好的医疗服务。我们支持企业去改善医疗系统的质量、安全性以及无障碍性"。通过资助那些把这些标准放在首位的公司，Rock Health 正帮着推动这个行业向前。
- IDEO 以其设计能力著称，但通过 IDEO.org 产生了很大的影响力。IDEO.org 为多个类别的不同项目提供服务。它通过许多小项目对发展中国家的医疗服务产生了巨大的影响。IDEO 采用以人为本的设计，产生了巨大的社会影响。它还通过 Amplify challenge 项目去吸引设计师。Amplify challenge 项目的形式是提出一个问题，然后设计师可以在公开的创意平台上进行回复并执行。
- OXO 是一家秉持着包容性和通用性设计原则去开发工具的企业。创始人看到妻子因关节炎而无法顺畅地使用削皮器，于是设计了一款更好用的削皮器，如今这已经成为公司的经典产品。OXO 的产品赢得了无数的设计大奖，并且被世界上的很多博物馆列为永久馆藏。

对情绪好

糟糕的设计会让人痛苦，但好的设计会让人心情愉悦、释放压力。好的设计会促进人与人之间正向交流，构建起社区。以下组织就做到了这一点。

- Design for Good 组织将 AIGA 成员与社会上有影响力的组织联系了起来。无论大项目还是小项目，AIGA 成员会为各种各样的目标和比赛而投入时间。
- UX for Good 组织将才华横溢的设计师集结在一起，去提出有社会挑战的难题，并让几个有时间的设计师合作解决这些难题。

- The Dark Patterns 网站曝光了一些诡计——让用户去做企业想让他们做的事情。给某个东西起个名字，就会有更多人知道这个东西。该网站的目的就是识别这些模式，这也会让那些使用黑暗模式的公司感到羞愧。

包容性

糟糕的设计只满足了大部分人或者少数特殊人群的需要。好的设计具有包容性，也拓宽了通往技术彼岸的桥面，从而让所有人都能享受到科技带来的好处。以下公司就做到了这一点。

- Be My Eyes 是一款创新型应用，旨在让视力正常者去帮助需要帮助的盲人。它通过发送警报将盲人的手机摄像头与视力正常者的设备相连接。然后视力正常者就可以告诉盲人想知道的东西。这款应用的设计考虑到了易用性，能够帮助盲人更好地生活，同时也让想要帮忙的人实现了愿望。
- Google 做了很多事来确保其许多产品都具有无障碍性。它的无障碍性标准是个很好的例子，展示了如何在多个平台上、多种 UI 风格之间以及多款应用上实现无障碍性，让更多的人能够使用 Google 的技术。
- BBC 网站一直在努力将无障碍性做到最好。它给很多网站设计师带来了灵感。它不仅看上去美观，而且无障碍性也做到了极致，连儿童游戏中都有无障碍版的屏幕键盘。BBC 还提供了许多操作指南来帮助那些需要帮助的用户（见图 8-1）。

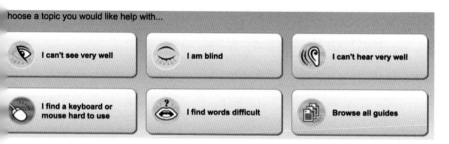

图 8-1

BBC MY WEB MY WAY（我的网页我做主）页面上的截图。BBC 提供了很多指南，对需要无障碍辅助功能的人来说很有用

正义

Digital Service 是一个为美国政府工作的设计机构。它的目标是重新定义人们与政府打交道的体验。有才华的设计师正在处理政府中一些最难的设计挑战，解决官僚主义，尽力推广以用户为中心的设计。下面几个团体也在为那些最需要帮助的人而努力工作着。

* 18F 是一支由一流设计师、开发人员和产品专家组成的团队，隶属于美国总务管理局。他们为美国人民设计最棒的产品。和 Digital Service 一样，他们正努力利用技术和设计改善政府与人民之间的互动。
* Designers 4 Justice 是一个由 1500 多名志愿者组成的团体，通过设计去扩大非营利性以及公正相关的事业。
* Open Source Design 是一个由设计师和开发人员组成的社区，旨在推动更加开放的设计流程，改善开源软件的用户体验和界面设计。他们会提供资源、举办活动，并为对开源感兴趣的开发人员和设计师举办演讲。他们有一个项目列表，这些项目正在找设计师来帮忙。

你将做什么

希望本书成功揭示了设计中的一些重要问题，并且点燃了你心中的变革热情。现在轮到你了。你是有能力去改变世界的。你会选择做什么呢？你愿意付出多少努力呢？你可以开始行动了，你可以加入其中一个正在努力改变世界的优秀组织，或者自己开始做些事情。悲剧的设计将终结在我们手中，而一个设计得更美好的世界将由你开启。

让我们利用设计将这个世界变得更美好。

附录

公司及产品

本书中讨论了很多现有产品和公司的案例。我们利用这些案例阐释了一些重要的概念，同时将其作为学习的机会。如果想了解更多关于这些产品或公司的信息，可参考下表，其中产品名称按照字母顺序排列。

产　　品	公司/组织
18F	美国总务管理局
Airbnb	Airbnb
Airbus A320	空中客车集团
AOL	AOL
Apple Mail	Apple
Apple TV	Apple
Articulating Design Decisions （《设计师要懂沟通术》）	O'Reilly Media
BBC My Web My Way	BBC
Behance	Adobe
California Prison Appointment Scheduing	美国加州惩教局
Center for Civic Design（城市设计中心）	Oxide 设计公司
Chrome 浏览器	Google

产　　品	公司/组织
Chrome for Android	Google
Cluster	Cluster Labs
Code for America	Code for America Labs
Colorsafe	Donielle Berg 和 Adrian Rapp
Comcast	Comcast
Dell	Dell
Design in Tech Reports	凯鹏华盈
Design with Intent	O'Reilly Media
Designer News	Tiny
Diablo	暴雪娱乐公司
Dots	Playdots
Dribbble	Tiny
eBay	eBay
Epic	Epic Systems
Facebook	Facebook
Facebook Messenger for iPhone	Facebook
Ford Pinto	福特汽车公司
Gmail	Google
Google Calendar	Google
Google Search	Google
Handy	Handy
Healthcare.gov	美国医疗保险和医疗补助服务中心
iOS on iPhone	Apple
Iowa Department of Human Services	艾奥瓦州公众服务部
iTunes	Apple
Kellogg Canada Newsletter	家乐氏（加拿大）公司
LinkedIn	LinkedIn

产　品	公司/组织
Mac App Store	Apple
MailChimp	MailChimp
Medium	Medium
Microsoft Office Assistant	微软
Microsoft Windows 10	微软
MyAlabama	亚拉巴马州
Nebraska Department of Health & Human Services	内布拉斯加州卫生及公共服务部
Negative Underwear	Negative Underwear
Nightscout 项目	James Wedding
OSX	Apple
Porter Airline Newsletter	波特航空公司
QuickBooks	Intuit
Rogers Wireless Newsletter	Rogers Wireless
Royal Mail	Royal Mail plc
Scana Propulsion (Ferry)	Scana Propulsion
SEAT Mii	SEAT
Sendspace	Sendspace
Shopify	Shopify
Slack	Slack
Smashing Magazine	Vitaly Friedman 和 Sven Lennartz
Supplemental Nutrition Assistance Program（SNAP，补充营养援助计划）	美国
Tesla Model S	特斯拉汽车公司
The Open Design Foundation（开放设计基金会）	Garth Braithwaite
Therac-25	加拿大原子能有限公司（AECL）
To Park or Not to Park	Nikki Sylianteng

产　品	公司/组织
Tragic Design 网站	Jonathan Shariat 和 Cynthia Savard Saucier
Tumblr	Tumblr
Twinject	Amedra 制药有限责任公司
Twitter	Twitter
U-Haul	U-Haul
UX Booth	UX Booth
UX Magazine	UX Magazine
WordPress	WordPress 基金会
Xbox	微软

关于作者

乔纳森·沙利亚特（Jonathan Shariat）是位思虑周到的设计师，用心去设计重要事物。他分享了自己在医疗、文件共享和出版领域八年的设计经验。他曾自己创业，也在小型创业公司和大型公司工作过。

Jonathan 一开始并不知道自己会成为一名设计师。最早在高中时，他开始学习动画。但是，在选择大学专业时，他画了一个文氏图。一个圈里是他擅长的事情，另一个圈里是他喜欢的事情，第三个圈里是有市场需求和前景的工作。通过这种方法，他发现了用户界面设计，这个专业既用到了他创造性的一面，也用到了他理性分析的一面。后来他就读于加州艺术学院，学习了设计和 Web 开发，并且凭借他的学习成果获得了"杰出学生成就奖"。

Jonathan 曾在 YouSendIt（现在叫 Hightail）公司协助开发了 3000 万用户量的 App，也曾以自由职业者的身份为创业公司推波助澜，让它们快速成长起来。他还曾是 Therapydia 的产品总监，帮助理疗师和病人建立了更好的联系。他现在是一名高级交互设计师，工作于加州山景城的 Intuit 公司。

Jonathan 认为最好的学习方法就是去教其他人，而写作就可以做到这一点，并且可以记录他的设计历程。如今 Jonathan 还在他的网站（http://tragicdesign.com）上不断地探索着本书的主题。他还有一个热门的 Twitter 账号（@DesignUXUI），他会分享一些他的所思所学，当然也有些搞笑的 GIF 和好玩的事。他在世界各地做设计相关的演讲，也喜欢指导年轻的设计师们。

辛西娅·萨瓦德·索西耶（Cynthia Savard Saucier）是一名用户体验设计师，对行为心理学、无障碍设计以及人员管理都有兴趣；不工作的时候，她会在厨房做些巧克力或者全神贯注地收听播客。她也是一名小男孩引以为傲的母亲。她希望儿子成长的世界，是一个无须通过门上标签来判断门是"推"还是"拉"的世界。

高中时，Cynthia 在朋友家第一次看到了带超大按键的电视遥控器。她母亲是一名帮助视障人群的职业理疗师。这是她第一次接触这个领域，后来也成为她最爱的领域。她在蒙特利尔大学学习了工业设计，并意识到界面设计与产品设计一样强大。她的毕业设计研究的是如何缩小祖辈和孙辈间的代沟，还获了奖。这显然增强了她对用户体验领域的兴趣。

Cynthia 最初就职于一家咨询公司，这家公司主要从事用户体验和用户测试工作，服务于政府网站、电视网络和公共交通网站。之后她加入了一家数字媒体咨询公司，领导设计师团队。最近她加入了 Shopify——一家大型加拿大公司，担任设计总监。

除了日常工作，Cynthia 还会为一些创业公司提供指导，并且经常受邀去世界各地的会议上发表演讲，她有趣的演讲方式既令人吃惊，又令人着迷。在演讲中，她展现出了自己的热情，分享了自己的观点：以用户为中心的设计是真实要践行的，而非乌托邦式的方法论。可以在 Twitter 上关注她，阅读更多她对使用黑暗模式的公司的控诉。

关于封面

本书封面上的动物是僧帽水母，又称葡萄牙战舰水母。

封面上的彩色图片是 Karen Montogomery 基于 Tenney 的一个黑白雕刻品所画的。

站在巨人的肩膀上
Standing on Shoulders of Giants

TURING
图灵教育

iTuring.cn

站在巨人的肩膀上

Standing on Shoulders of Giants

图灵教育

iTuring.cn